高职高专系列教材

油气管输工艺

刘忠运　编著

中国石化出版社

内 容 提 要

《油气管输工艺》根据行业特点、企业发展需要和职业岗位实际工作任务所需的知识、能力、素质编撰而成。内容主要包括五大模块：油气管道输送基本认知、等温管道输送、加热管道输送、顺序输送、天然气管道输送。同时，书中还增加了部分新工艺、新技术、新规范、新理念，力求教材的实用性，适合作为高职高专油气储运技术专业的教材使用。

图书在版编目（CIP）数据

油气管输工艺／刘忠运编著．—北京：中国石化出版社，2016.9
高职高专系列教材
ISBN 978-7-5114-4245-1

Ⅰ.①油… Ⅱ.①刘… Ⅲ.①油气输送-管道输送-高等职业教育-教材 Ⅳ.①TE832

中国版本图书馆 CIP 数据核字(2016)第 200856 号

中国石化出版社出版发行

地址:北京市东城区安定门外大街 58 号
邮编:100011　电话:(010)84271850
读者服务部电话:(010)84289974
http://www.sinopec-press.com
E-mail:press@sinopec.com
北京柏力行彩印有限公司印刷
全国各地新华书店经销

*

710×1000 毫米 16 开本 10.5 印张 195 千字
2016 年 9 月第 1 版　2016 年 9 月第 1 次印刷
定价：32.00 元

前　言

《油气管输工艺》在编写的过程中，根据行业、企业发展需要和完成职业岗位实际工作任务所需要的知识、能力、素质的要求选取教学内容，主要锻炼学生的实际操作能力。通过对企业和相关行业的调研，依据油气储运技术专业人才培养的要求，把输油工、输气工等相关工种的技能进行提炼和整合，淡化理论知识，主要培养学生的动手能力，具有较强的针对性。

在整体设计上，力求摒弃学科本位的学术理论中心设计，采用社会本位的岗位工作任务流程中心设计，力求保证教材的职业性；在内容编排上，以对行业、企业、岗位的调研为基础，以对职业岗位群的责任、任务、工作流程分析为依据，以实际操作的工作任务为载体组织内容，按照由简单到复杂的顺序，整合为五大模块，即：油气管道输送基本认知、等温管道输送、加热管道输送、顺序输送、天然气管道输送，此外，还增加社会需要的新工艺、新技术、新规范、新理念，力求教材的实用性。

作为市级骨干专业及院级特色培育项目建设的部分成果，《油气管输工艺》的编写，受到西南油气田分公司、中国石油重庆分公司等企业的支持并提出具体修改建议，在此表示感谢。同时，本书在编写过程中参考了大量相关专业书籍、标准、规范、工程案例等文献资料，对那些著作者表示由衷的敬意！重庆市石油与天然气学会储运专业委员会相关专家对本书进行了审阅并提出诸多修改建议，在此表示感谢。

由于编者水平有限，书中难免存在不妥之处甚至谬误，真诚地希望读者批评指正。

编　者

2016 年 9 月

目　录

模块 1　油气管道输送基本认知

【模块描述】

本模块主要包括两大任务，任务 1：油气管道输送特点及其分类分析；任务 2：国内外油气管道输送发展现状分析。通过本模块的学习，学生会对长距离管道输送有一个整体的认识，包括长距离管道输送的特点、分类等。

【知识目标】

- 掌握油气管道特点、分类；
- 了解油气管道国内外发展现状；
- 掌握我国油气管道建设的四个高峰。

【能力目标】

- 能够分析五种运输方式（管道、铁路、公路、水路、航空）优劣，建立对管道输送整体认知。

【素质目标】

- 通过工具查找资料，获取有效信息；
- 具有较好的学习新知识能力。

管道运输与铁路、公路、水运、航空一起构成了我国五大运输行业体系（见图 1–1），在国民经济和社会发展中起着十分重要的作用，其中管道运输是石油与天然气最主要的运输方式。

管道运输是石油生产过程中的重要环节，是石油工业的动脉。在石油的生产过程中，自始至终都离不开管道。石油的生产过程简单示意如图 1–2 所示。而长输管道正是本书研究的部分范畴，即包括原油管道与成品油管道。除此之外，本书还对天然气管道输送作了部分介绍。如图 1–3 所示，如果说油气储运技术专业的总目标为“集、输、储、配、销”，那么本书重在一个“输”字，整合起来包括五大部分主要内容：油气管道输送基本认知、等温管道输送、加热管道输送、顺序输送、天然气管道输送。

图 1-1　五大运输方式

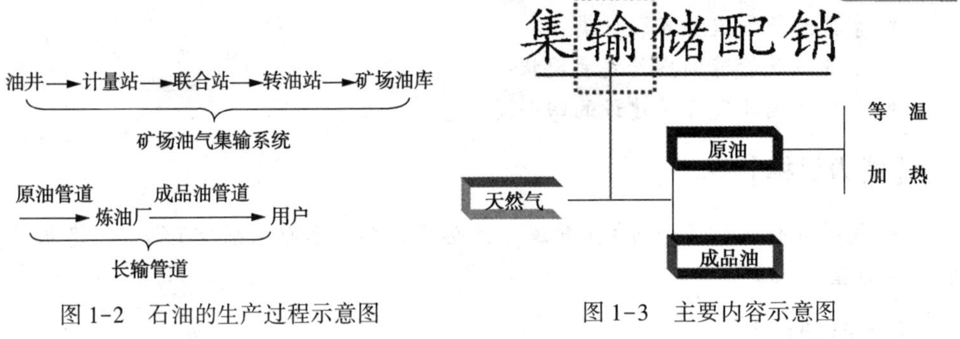

图 1-2　石油的生产过程示意图　　　　图 1-3　主要内容示意图

任务 1.1　油气管道输送特点及其分类分析

1.1.1　油气管道输送特点

管道运输是原油、成品油和天然气主要的运输方式。与铁路运输、公路运输、水运相比，管道运输具有以下特点：

(1) 运输量大。以年输 36Mt 的 920mm 输油管道为例，若用铁路油罐车运输相同的油品，以每列火车带 40 节油罐，每节油罐装油 50t 计算，每年需要 1800 列，每昼夜需要 50 列。

(2) 管道大部分埋设于地下，占地少(占地只有铁路的 1/9)，且投产后 90% 的土地可以耕种，受地形地物的限制少，可以缩短运输距离。

(3) 密闭安全，能够长期连续稳定运行。输油受恶劣气候的影响小，无噪声，油气损耗小(表 1-1)，对环境污染少。

(4) 便于管理，易于实现远程集中监控。现代化管道运输系统的自动化程度很高，劳动生产率高。

(5) 能耗少，运费低。在美国，管道输油的能耗约为铁路运输的1/12~1/7，是陆上运输中输油成本最低的，如表1-1所示。

表1-1 国内四种方式运输石油的燃料消耗比、成本和损耗率

项目	管道	铁路	水运	公路
燃料消耗比	1	2	0.5	8.5
成本/(元/t·km)	0.008	0.010	0.007	0.156
损耗率/%	0.20~0.30	0.71	0.45	0.45

相对管道运输而言，水运最经济，但受地理条件限制；公路运输量小而且费用高，只能作为短途运输的辅助手段；铁路运输成本高于管道运输，在管道未建成前，它往往是主要的陆路运输方式，但当运输量增大到一定程度后，铁路运输不仅不经济，而且也将因运力有限导致输送任务无法完成。在工程实践中，通常是几种运输方式的结合，如管道+公路、水运+公路等。

虽然管道运输有很多优点，但也有其局限性：

(1) 主要适用于大量、单向、定向运输，主要使用于输量大、用户相对固定情况下的运输，不如车、船运输灵活、多样。

(2) 在经济上，对一定直径的管道，有一经济合理的输送量范围。以直径1020mm的管道为例，其最佳输油量为42Mt/a，输量高于或低于此数值都使运输成本上超过一定范围甚至会影响到管道输送的经济合理性。

中外均有对油田产量估计过高造成所建管道直径过大的例子，不仅增加了管道建设投资，而且由于管道利用率低、单位运输成本高，严重影响输油企业的经济效益。另一方面，每一个油田都存在开发初期、鼎盛时期和产量递减期，因此，即使对于建设规模合理的原油管道，也存在输油量由小到大，持续一段时间后又下降的过程。此外，对于一定的输油量，还有经济合理的最远输送距离的制约。

(3) 有极限输油量的限制。对于已建成的管道，其最大输油量受泵的性能、管道强度的限制。对于加热输送管道，又受到由温降确定的最小安全输量的限制。

1.1.2 油气输送管道分类

油气输送管道分类方式多样，如图1-4所示。

（1）按输送介质的类型可分为：油气混输管道、原油管道、天然气管道和成品油管道；按被输送介质的性质不同，又分为：低凝低粘油品输送管道；高凝高粘油品输送管道。

（2）按管道铺设方式可分为：架空管道、地面管道、地下管道；

（3）按制管工艺可分为：无缝钢管与焊接钢管，其中焊接钢管又可分为直缝焊管与螺旋焊管；

（4）油气管道按输送距离和经营方式可分为两类：一类属于企业内部输油管道，如油田内短距离的油气集输管道，炼油厂、油库内部的输油管，城市配气管道等；另一类是长距离输送输油管道，如油田将原油送至较远的炼油厂或码头的外输管道，或将矿场附近净化厂出来的天然气输送到较远城市门站的输气干线。

除此之外，还可按照输送过程中是否加热可分为：加热输送管道和不加热输送管道；按照管道所处的位置可分为：陆上输送管道和海底输送管道。

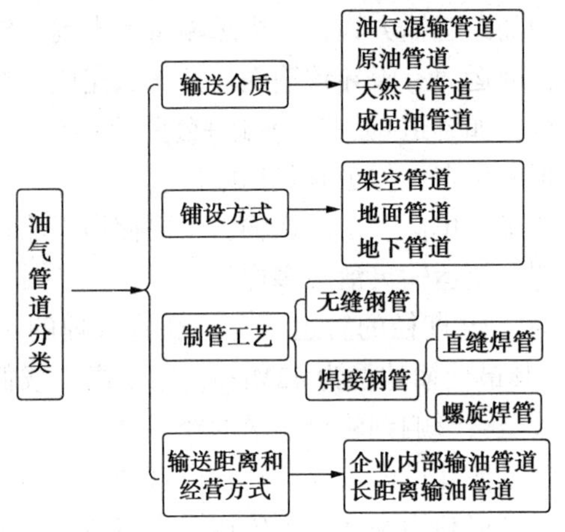

图 1-4　油气管道分类示意图

任务 1.2　国内外油气管道输送发展现状分析

1.2.1　国外油气管道概况

管道运输的发展与能源工业，特别是石油工业的发展密切相关。现代管道运输始于 19 世纪中叶。1865 年在美国宾夕法尼亚州建成第一条原油管道，直径 50mm，长近 10km。20 世纪初管道运输才有进一步发展，但真正具有现代规模的长距离输油管道则始于第二次世界大战。当时，美国因战争需要，建设了两条当时管径最大、距离最长的输油管道。一条是原油管道，管径为600mm，全长2158km，日输原油47700m^3；另一条是成品油管道，管径500mm，包括支线全长2745km，日输成品油37360m^3。

战后随着石油工业的发展，管道建设进入了一个新阶段，各产油国都建设了不少长距离输油管道。20世纪60年代开始，输油管道向着大管径、长距离方向发展，前苏联-东欧的“友谊”输油管道和美国的横贯阿拉斯加的输油管道就是两个典型代表。沙特阿拉伯的东-西原油管道和阿尔及利亚-突尼斯的原油管道都穿过了浩瀚的沙漠地区。随着英国北海油田的开发，兴建了一批海洋原油管道，最长的已达358km，在深100多米的海底铺设。这些管道的建设成功，标志着管道已可以通过极为复杂的地质、地理条件与气候恶劣的地区。

与此同时，成品油管道也获得迅速发展。成品油管道多建成地区性的管网系统，沿途多处收油和分油，采用密闭和顺序输送方式输油。美国的科洛尼尔成品油管道系统就是世界上大型成品油管道系统的典型代表之一。主要的原油管道及成品油管道介绍如下：

1）前苏联“友谊”输油管道

它是世界上距离最长、管径最大的原油管道。从前苏联阿尔梅季耶夫斯克（第二巴库）到达莫济里后分为北、南两线，北线进入波兰和前民主德国，南线通向捷克和匈牙利。北、南线长度分别为4412km和5500km，管径分别为1220mm、1020mm、820mm、720mm、529mm与426mm，年输原油超过100Mt。管道工作压力4.9~6.28MPa。全线密闭输送，泵站采用自动化与遥控管理。管道分两期建设，一期工程于1964年建成，二期工程于1973年完成。

2）美国阿拉斯加原油管道

它从美国阿拉斯加州北部的普拉德霍湾起纵贯阿拉斯加，通往该州南部的瓦尔迪兹港，是世界第一条伸入北极圈的输油管道。管道全长1287km，管径1220mm，工作压力8.23MPa，设计输油能力100Mt/a。全线有12座泵站和1座末站，第一期工程建成8座泵站。采用燃气轮机带离心泵。全线集中控制，有比较完善的抗地震和管道保护措施。管道于1977年建成投产。

3）沙特东-西原油管道

管道起自靠近东海岸的阿卜凯克，终于西海岸港口城市延布，横贯沙特阿拉伯中部地区，管径1220mm，全长1202km，工作压力5.88MPa，输油能力137Mt/a。全线11座泵站，使用燃气轮机带离心泵。管道全线集中控制。全部工程于1983年完成。

4）美国西-东原油管道

管道从西部圣巴巴拉到休斯敦。管径 762mm，全长 2731km，输油能力 47700m^3/d。它加热输送高黏度原油，为世界最长的热输管道。全线共有 21 座泵站及加热站，其中 6 座用燃气轮机带离心泵，其余泵站用电动机带离心泵。管道于 1988 年建成。

5）美国科洛尼尔成品油管道系统

该管道系统由墨西哥湾的休斯敦至新泽西州的林登。干管管径为 1020mm、920mm、820mm、750mm。截至 1979 年，干线总长 4613km，干线与支线的总长 8413km，有 10 个供油点和 281 个出油点，主要输送汽油、柴油、2 号燃料油等 100 多个品级和牌号的油品，全系统的输油能力为 140Mt/a。

6）俄罗斯西伯利亚力量管道

该管道系统途经地区属地震高发区，管道全长 3200km，直径 1420mm，输量 $600\times10^8m^3$。将于 2017 年建成。

7）非洲贯撒哈拉天然气管道

该管道起于尼日利亚，穿过尼日尔，止于阿尔及利亚，由南到北横穿撒哈拉沙漠，全长 4330km，直径 1219~1420mm 输量 $300\times10^8m^3$。

1.2.2 我国油气管道概况

我国是世界上最早生产天然气的国家之一，也是最早用管道(竹木管)输送流体的国家。但直到解放前，全国没有建设一条真正现代意义的长距离管道。解放后，随着克拉玛依油田的开发和独山子炼油厂的扩建，克拉玛依到独山子的输油管道于 1958 年建成，全长 147km、管径 150mm，是我国第一条长距离管道。

20 世纪 60 年代后，随着大庆、胜利、华北、中原等油田的开发，兴建了贯穿东北、华北和华东的原油管道网，总长约 3000km。这个原油管道系统除了向沿线的各大炼油厂供油外，还通过大连、秦皇岛、黄岛和仪征等水运港口向南方各炼油厂供油，并向国外出口。根据所输原油的产地将主要管道列表如表 1-2 所示。我国在探索中创建了中国油气管道的“四个第一条”：

(1) 第一条长距离原油管道：1958 年建设克拉玛依至独山子炼油厂输油管道。

(2) 第一条长距离天然气管道：1961 年建设巴县石油沟至重庆化工厂供气管道。

(3) 第一条长距离成品油管道：1976 年建设格尔木至拉萨成品油管道。

(4) 第一条海底石油管道：1985 年与日本石油公司合作设计建设渤海埕北油田海底油气登陆管道。

表 1–2 我国主要管道分布表

油田名称	管道名称	管道参数		
		管段规格/mm		长度/km
大庆油田	大秦线(大庆–秦皇岛)	大(庆)–铁(岭)双线	Φ720	514×2
		铁(岭)–秦(皇岛)	Φ720	454
	秦京线(秦皇岛–北京)	Φ529		344
	铁抚线(铁岭–抚顺)	Φ720		43
	抚鞍线(抚顺–鞍山)	Φ426		131
	铁大线(铁岭–大连)	Φ720		460
辽河油田	盘锦线(盘山–锦西)	Φ426		126
胜利油田	东黄线(东营–黄岛)	Φ529		250
	东临线(东营–临沂)	Φ529		189
	鲁宁线(山东–南京)	Φ720		700
	沧临线(沧州–临沂)			
中原油田	濮临线(濮阳–临沂)	Φ377		242
	中洛线(濮阳–洛阳)	Φ273		281
任丘油田	任京线(任丘–北京)	Φ529		120
大港油田	万周线(万家码头–李庄)	Φ325、426		40×2
南阳油田	魏荆线(魏岗–荆门)	Φ273、426		220
长庆油田	马惠宁线(马岭–惠安堡–中宁)			300
克拉玛依油田	克乌线(克拉玛依–乌鲁木齐)	Φ377		295
塔里木油田	库鄯线(库尔勒–鄯善)			
成品油管道	格拉线(格尔木–拉萨)	Φ159		1078
	兰–成–渝(兰州–成都–重庆)输油管道			

我国油气管道建设经历了四次高峰期。

1）第一次油气管道建设高峰

国务院于 1970 年 8 月 3 日决定展开东北“八三工程”会战，掀起了中国第一次建设油气管道的高潮。作为东北输油管道建设一期工程，大庆至抚顺输油管道正式开工，拉开了中国石油天然气长输管道建设的序幕。从 1970 年 8 月到 1975 年 9 月，“八三工程”建设历时 5 年，共铺设原油管道 2471km，其中主干线 2181km。原油管网以铁岭站为枢纽，形成了大庆至抚顺，大庆至秦皇岛和大庆至大连三个方向的输油大动脉，建成了庆抚线、庆铁线、铁大线、铁秦线、抚辽线、抚鞍线、盘锦线、中朝线 8 条管线，率先在东北地区建成了输油管网。

2）第二次油气管道建设高峰

1976 年，胜利油田、辽河油田、华北油田、中原油田相继进入快速开发期，中国掀起了第二次建设油气管道的高潮。由原石油工业部牵头，到 1986 年，先后建成了秦京线、鲁宁线、东临线、东黄线、东黄复线、任沧线、任京线、沧临线、濮临线、中开线、中沧线、马惠线 12 条油气管道，总长度 3400km，形成了中国东部油气管网。

3）第三次油气管道建设高峰

1987 年，塔里木盆地、陕甘宁盆地、四川盆地、柴达木盆地和沿海石油勘探获得重大突破，中国石油工业按照“稳定东部，发展西部”的方针，掀起了第三次建设油气管道的高潮。至 2004 年，在西部地区先后建成 56 条管道，长度达到 39905km，形成了中国西部和南部油气管网。其中由中石油牵头，先后建成了西气东输、陕京线、陕京二线、涩宁兰线、兰成渝线、忠武线(见图 1-5)、鄯乌线、轮库线、安延线等油气管道 24 条，总长度 33908km。由中国石化牵头，在中国南方先后建成了甬沪宁线、茂贵昆线、常杭线、青安线、镇莫线、镇杭线、上潜线等油气管道 18 条，总长度 4069km。由中海油牵头，先后建成了海底油田登陆油气管道 14 条，总长度 1929km。

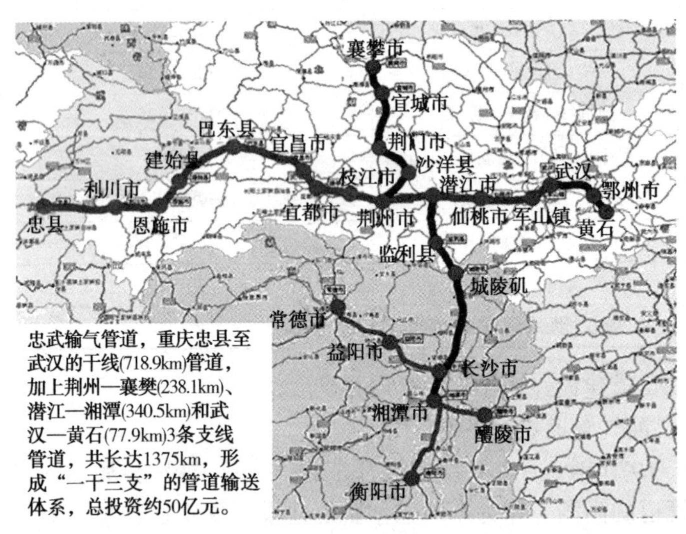

图 1-5　忠武输气管道示意图

第三次管道建设高潮中建成的西气东输管道、陕京二线、忠武线、涩宁兰等管线，实现了我国东西部地区和中南部地区的资源调整，为资源匮乏地区利用天然气铺平了道路，带动了沿线地区经济的发展和环境的改善。在这次建设高潮中，建成了原油、成品油和天然气能源输送大动脉。至此，我国天然气输送网络初具规模，“西油东送”网络框架基本形成，为中西部地区经济的协调发展和国家经济的腾飞提供了能源保障。同时，也为我国开辟了中亚能源通道，有力地保障了国家的能源安全。

4）第四次管道建设高峰

经过近 10 年的快速发展，中国已建成长输油气管道总长度近 60000km，其中天然气管道约 30000km，原油管道约 17000km，成品油管道约 12000km，形成了初具规模的跨区域油气管网。中国管道工业的发展速度和技术水平已跨入了世界先进行列。

2007 年 8 月，伴随着兰郑长成品油管线和川气东送天然气管线(见图 1-6)的正式开工，我国迎来了以西气东输二线和中俄管线为标志第四个管道建设高峰期。未来几年中国油气管道工业将有更大的发展空间。管道技术水平将不断提升，管道制造业将加强专业化整合，管道建设将逐步实施工程总承包(EPC)管理，管网系统将实现集中控制、灵活调度。

近年来，为了应对日益严峻的能源形势，规划了西北、东北、西南和海上四大油气进口通道并逐步得以实施，如图 1-7 所示。

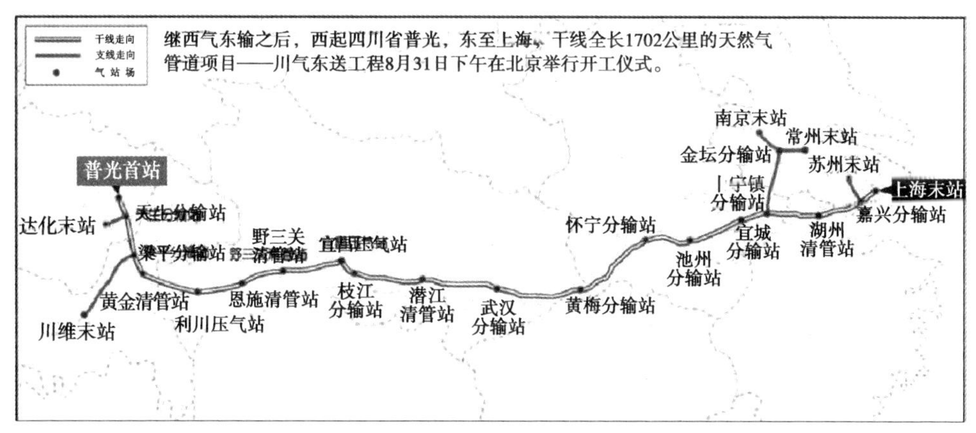

图 1-6　川气东送示意图

随着中国油气管网的进一步完善、陆上进口油气管道的建成和沿海 LNG(液化天然气)大规模引进，建立全国性调度中心及区域调度中心将是今后管网系统发展的方向。以自动焊为代表的机械化流水作业逐渐成为主要施工方式，甚至激光焊也将引入到管道施工中，物联网技术，基于全生命周期的数字化管道技术已应用在管道建设和运营过程中，油气管道建设正向着网络化、长距离大口径、高压力、自动化等方向发展。

到“十三五”末，中国长输油气管道的总里程将超过 160000km，储气库工作

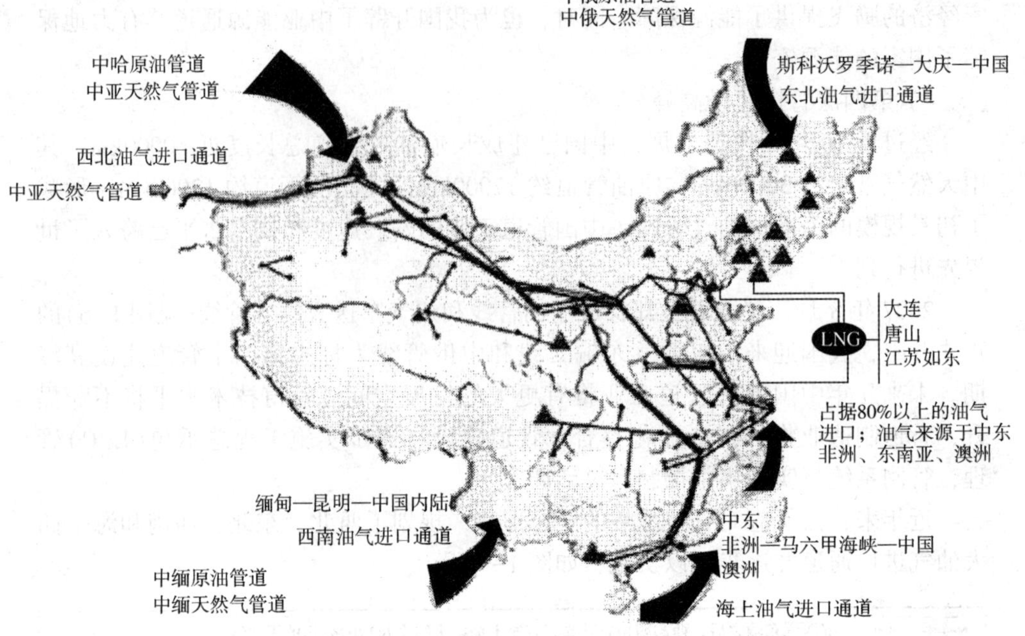

图 1-7　四大油气进口通道

气量将达到 $1.05\times10^{10}m^3$，LNG 接收能力将达到 19Mt/a，国内主干管网趋于完善，形成调度灵活、运行稳定、供应可靠的全国性油气储运网络。

思考题

1. 简述管道输送的特点。
2. 简述油气管道的分类。
3. 简述国外油气管道现状。
4. 简述我国油气管道建设的四个高峰。

模块2　等温管道输送

【模块描述】

低凝、低黏油品的凝固点以及在常温下的黏度都比较低，在常温下流动能力较强，因此，经常采用不加热管道输送的方式输送。不加热管道输送也称为等温管道输送（油温=地温=常数）。本模块包括8大任务，通过这8大任务的学习，使学生加深对等温输油管道的认识和掌握，学会基本知识与技能操作。

【知识目标】

- 掌握长距离原油管道的组成；
- 掌握原油管道输送工艺及其相互之间的区别；
- 掌握沿程摩阻、局部摩阻、位差压降的计算方法；
- 掌握输油泵站的工作特性；
- 掌握泵站的串并联特性及其应用条件；
- 掌握等温输油相关工艺参数的确定，如流量、黏度、温度、密度；
- 掌握等温输油管道工作参数校核方法；
- 掌握动静水压力的校核方法；
- 掌握输油管道工况的调节方法，包括泵站的调节以及管路的调节；
- 了解等温输油管道设计的基本程序。

【能力目标】

- 能够在实际工程上计算沿程摩阻、局部摩阻、位差压降；
- 能够找出泵站–管道的系统工作点；
- 能根据已知参数绘制管道纵断面图，并找出翻越点；
- 能进行泵站及管道工作情况校核；
- 能进行泵站的调节以及管路的调节；
- 能进行简单的输油管道初步设计；
- 能进行等温输油管道异常工况处理。

【素质目标】

- 具有学习新知识和技能的能力；
- 具有计划评估与修订、问题分析与解决能力；
- 具有团队合作与安全意识。

任务2.1　长距离原油管道组成及典型输送工艺分析

2.1.1　长距离原油管道的组成

长距离原油管道由输油站,线路以及辅助设施三大部分组成(见图2-1、图2-2)。

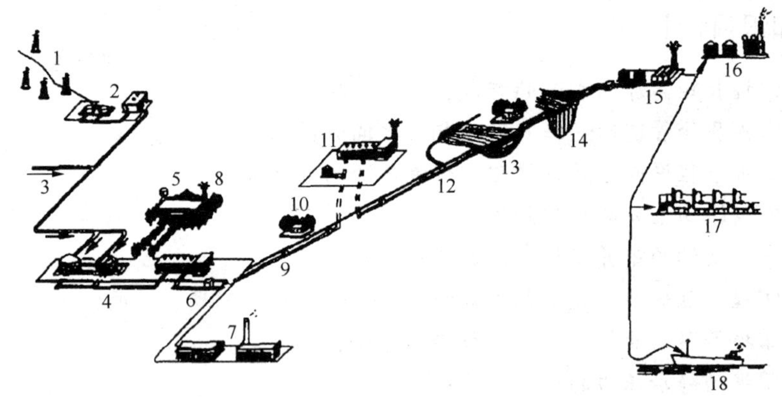

图2-1　长距离原油管道

1—井场；2—转油站；3—来自油田的输油管；4—首站罐区和泵房；5—全线调度中心；6—清管器发放室；7—首站锅炉房、机修厂等辅助设施；8—微波通迅塔；9—线路阀室；10—管道维修人员住所；11—中间输油站；12—穿越铁路；13—穿越河流的弯管；14—跨越工程；15—末站；16—炼厂；17—火车装油栈桥；18—油轮装油码头

1）输油站

输油站的基本任务是供给油流一定的能量(压能，如需要也供给热能)，按时、按量、保质、安全、经济地将油品输送到终点。输油站的一切设施都为这个根本目标服务。由于各类输油站所处的位置不同，各自的作用也有所差异。

输油站按其所处的位置分为首站、中间站和末站。中间站还可按照其所担负的任务不同，分为加热站(只提供热能)、加压站(只提供压能)及热泵站(既提供热能，又提供压能)。

首站：长距离输油管道的起点，接受矿场、炼厂或转运站来油计量后输入干

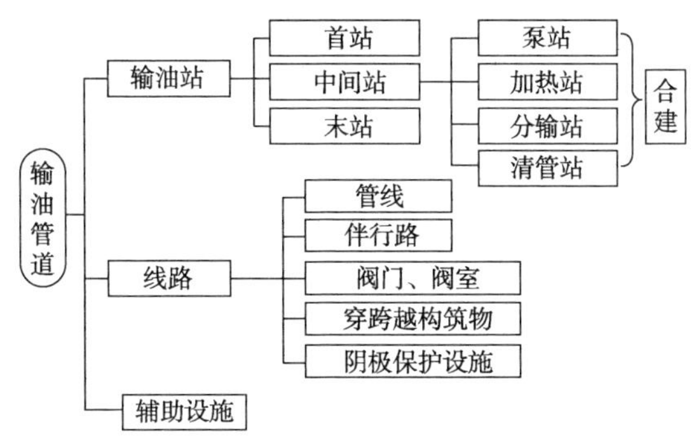

图 2-2　输油管道构成图

管。由于接受来油与管道输油之间不可能是均匀和完全平衡的，首站除供给能量外，还要有较大的油罐区（解决供给不平衡的问题）及相应的计量、油品化验和油品预处理设施。

中间站：原油沿管道不断向前流动，由于摩擦、地形高差、温度差等原因压力和温度不断下降，就需在沿途设置中间输油站（其中包括泵站、加热站和热泵站）给油品增压升温，继续向管中原油提供所需的能量，直至将原油送到终点。泵站、加热站或热泵站，仅给油流补充能量。设施比首、末站简单。其他的如分输站、减压站等则更简单。在管线沿途，有时为了供给其他单位用油或接收沿途油田的来油，还需要加设分输站以及在中间站或中间阀室考虑接收来油的措施。

末站：输油管的终点。本质上可认为是一大型转运油库。油品从此转输给用油单位或者改换运输方式（例如改为海运）。末站突出的任务是解决管道运输与用油单位或两种运输方式之间的输量不平衡问题，而给油品供给能量的任务则大大减轻。故末站有较多的油罐及相应的计量、化验和转输设施。

2）线路

长距离输油管道的线路部分包括管道本身、沿线阀室、通过河流/公路/山谷的穿（跨）越构筑物、阴极保护设施、通讯与自控线路等。长距离输油管道由钢管焊接而成，一般埋地敷设。为防止土壤对钢管的腐蚀，管外都包有防腐绝缘层，并采用电法保护（电法保护：改变金属相对于周围介质的电极电位，使金属免受腐蚀的方法）措施。长距离输油管道上每隔一定距离（≤32km）设有截断阀室，大型穿（跨）越构筑物两端也有，其作用是一旦发生事故可以及时截断管内油品，防止事故扩大并便于抢修。

3）辅助设施

除上述输油站、线路外、长距离输油管道中其他辅助管线生产运行的设施统称为长输管道辅助系统设施，如维修抢修中心、调度中心等。

现代长距离输油管道多采用计算机数据采集和监测控制系统(Supervisory Control and Data Acquisition, SCADA)进行生产管理，以应对复杂的生产运行过程。此外，为了保证长输管道的正常运行，全线必须设有有效的通信系统，以调度指挥生产。通讯方式包括微波，光纤与卫星通讯等。

2.1.2 原油管道输送工艺

1) 等温输送和加热输送

原油管道输送工艺根据输送过程中油品是否需要加热，分为等温输送和加热输送。

① 等温输送　输送低黏低凝点原油或轻质成品油时，只需对原油加压提供动能即可，沿线不需对油品加热。油品从首站进入管道，输送一段距离后，管内油温就会等于管道埋深处的地温，故称为常温输送，也称等温输送。该输送方式全线仅设加压站、原油的输送过程中只考虑水力损失，这种输送方式无须考虑管内油流与周围介质的热交换，汽、煤、柴油等成品油及低凝点、低黏度轻质原油可直接进行常温输送。对于高凝、高黏、高含蜡原油的管道输送，也可采用化学添加剂(降凝剂、蜡晶抑制剂等)、热处理、稀释、热裂解和乳化降黏等方式，使其改性后再进行常温输送。

原油的凝固点(及反常点)是衡量可否常温输送的依据。因为含蜡量越多，凝固点越高，因此也可用与含蜡量有关的指标作为等温输送的依据。在等温输送时管道埋深处土壤的月平均温度应高于原油的凝固点。

② 加热输送　易凝高黏油品当其凝点高于管道周围环境温度，或在环境温度下油流黏度很高，不能直接输送，必须采用措施降黏、降凝。加热输送是目前最常用的方法，即将原油加热、加压后进入管道，通过提高原油输送温度使油品黏度降低，减少管路摩阻损失，或使管内最低油温维持在凝点以上，保证安全输送。原油加热输送管道存在两方面的能量损失，即摩阻损失和热损失，因此需要在沿线设置泵站和热站。

我国生产的原油绝大部分为高凝点、高黏度和高含蜡原油(俗称“三高”原油)，因此，国内原油管道大都是热油管道。

2) 开式输送和密闭输送

原油管道输送根据管道与泵的连接方式可分为开式输送和密闭输送。

① 开式输送-旁接油罐　开式输送也叫非密闭输送，应用较多的是旁接油罐类型(见图2-3)旁接油罐起到调节两站间输量差额的作用，其工作特点为：每个泵站与其相应的站间管路各自构成独立的水力系统；上下游站输量可以不等(由旁接罐调节)；各站的进出站压力没有直接联系。

其优点为：水击危害小，对自动化水平要求不高。其缺点有三方面：一是油气损耗严重；二是流程和设备复杂，固定资产投资大；三是全线难以在最优工况下运行，能量浪费大。

② 密闭输送-从泵到泵　密闭输送也叫“从泵到泵”输送，见图 2-4。在这种输油工艺中，中间输油站不设供缓冲用的旁接油罐，上站来油全部直接进泵。其特点是：整条管道构成一个统一密闭的水力系统，可充分利用上站余压，节省能量，还可基本消除中间站的轻质油蒸发损耗；但对自动化程度和全线集中监控要求较高；还存在水击问题，需要全线的水击监测与保护。

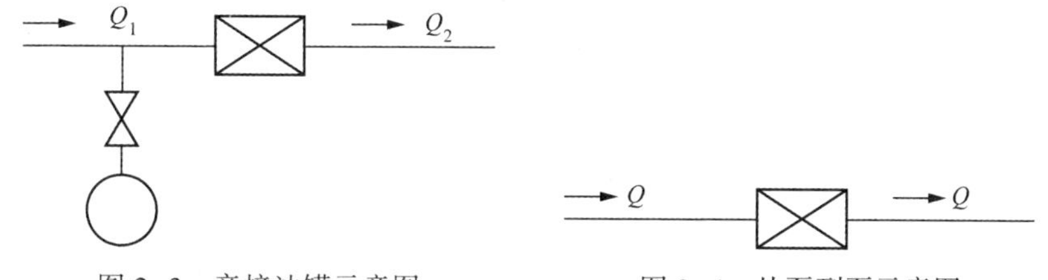

图 2-3　旁接油罐示意图　　　图 2-4　从泵到泵示意图

一般情况下，“旁接油罐”方式输油采用泵后加热，见图 2-5，而“从泵到泵”方式输油采用泵前加热，见图 2-6。若存在辅助增压泵，则在辅助增压泵之后，输油主泵之前加热最合理。

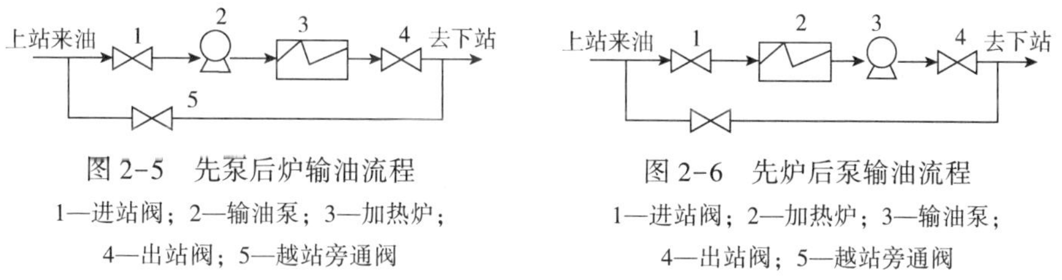

图 2-5　先泵后炉输油流程

1—进站阀；2—输油泵；3—加热炉；4—出站阀；5—越站旁通阀

图 2-6　先炉后泵输油流程

1—进站阀；2—加热炉；3—输油泵；4—出站阀；5—越站旁通阀

任务 2.2　等温输油管道的压能损失分析

油品在管内流动过程中，其压力能的消耗主要包括三部分：一是在油品沿管道流动的过程中，由于油品与管壁、油品与油品之间的摩擦引起的压降，称为沿程压降；二是油品通过设备、管阀件等引起的压降，称为局部压降；三是管道敷设高度引起的压降，称为位差压降。

2.2.1　沿程压降(h_1)的计算

1）达西公式

管路的沿程摩阻损失 h_1 可按达西(Darcy-Weisbach)公式计算

$$h_1 = \lambda \frac{L}{d} \frac{\omega^2}{2g} \tag{2-1}$$

式中 λ——水力摩阻系数；

L——管道长度，m；

d——管内径，m；

ω——在流动截面上原油的平均流速，m/s；

g——重力加速度，m/s^2。

理论和实践都表明，水力摩阻系数是雷诺数 Re 和管壁相对当量粗糙度 ε 的函数，即 $\lambda = f(Re, \varepsilon)$，其中

$$Re = \frac{\omega d}{v} = \frac{4Q}{\pi d v} \tag{2-2}$$

$$\varepsilon = \frac{2e}{d} \tag{2-3}$$

式中 v——输送温度下原油的运动黏度，m^2/s；

Q——管路中原油的体积流量，m^3/s；

e——管壁的绝对粗糙度，m。

我国《输油管道工程设计规范》推荐了 e 的设计取值：无缝钢管取 0.06mm，直缝钢管取 0.054mm，螺旋缝钢管，DN250～350 时，取 0.125mm，DN400 及以上，取 0.10mm。

(2) 流态划分

在不同的流态区，水力摩阻系数与雷诺数、管壁相对当量粗糙度间有不同的函数关系。原油在管路中的流态按雷诺数来划分。

当 $Re<2000$ 时，流态为层流；

当 $2000<Re<3000$ 时，形成过渡区；

当 $Re>3000$ 时，流态为紊流。

紊流流态又可分为水力光滑区、混合摩擦区和粗糙区三个区域，并由下式计算的临界雷诺数 Re_1、Re_2 来划分。

$$Re_1 = \frac{57.9}{\left(\frac{2e}{d}\right)^{\frac{8}{7}}} \tag{2-4}$$

$$Re_2 = \frac{11}{\left(\frac{2e}{d}\right)^{1.5}} \tag{2-5}$$

当 $3000<Re<Re_1$ 时，为水力光滑区；

当 $Re_1<Re<Re_2$ 时，为混合摩擦区；

当 $Re>Re_2$ 时，为粗糙区。

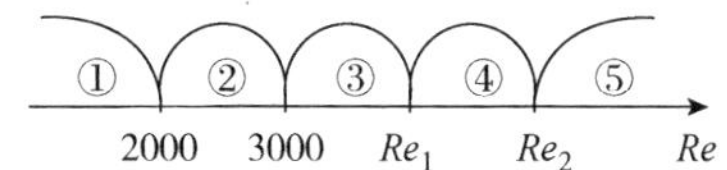

①——层流；②—过渡区；③—水力光滑区；④—混合摩擦区；⑤—粗糙区

3）列宾宗公式

达西公式是计算输油管道沿程压降的基本公式，但在进行工艺计算时，需要先计算出水力摩阻系数。而不同流态对应不同的水力摩阻系数这在实际应用中，特别在进行输油管道的能量供求平衡分析时，多有不便。为了应用方便，将对应流态的水力摩阻系数计算公式和流速与流量的关系式代入达西公式整理，得到计算输油管道沿程压降的综合形式表达式，称为列宾宗公式。

上述各流态区的 λ 计算式可综合成如下形式：

$$\lambda = \frac{A}{Re^m} \tag{2-6}$$

将上式及 $\omega=\frac{4Q}{\pi d^2}$，$Re=\frac{4Q}{\pi d\nu}$代入式(2-1)可得流量-压降计算式，即列宾宗公式，也称综合参数摩阻公式。

$$h_1 = \beta \frac{Q^{2-m}\nu^m}{d^{5-m}}L \tag{2-7}$$

单位长度管道上的沿程压降称为水力坡降(i)

$$i = \frac{h_1}{L} = \beta \frac{Q^{2-m}\nu^m}{d^{5-m}}$$

式中 h_1——沿程压降，m；

β，m——系数；

Q——流量，m/s；

ν——黏度，m^2/s；

d——直径，m；

L——长度，m。

$$\beta = \frac{8A}{4^m \pi^{2-m} g}$$

各流态区的 A、m、β 值及沿程摩阻计算式见表2-1。

表 2-1　不同流态区的 A、m、β 值及沿程摩阻计算式

流态		A	m	$\beta/(s^2/m)$	h_1/m 液柱
层流		64	1	$\frac{128}{\pi g}=4.15$	$h_1=4.15\frac{Q\upsilon}{d^4}L$
紊流	水力光滑区	0.3164	0.25	$\frac{8A}{4^m\pi^{2-m}g}=0.0246$	$h_1=0.0246\frac{Q^{1.75}\upsilon^{0.25}}{d^{4.75}}L$
	混合摩擦区	$10^{(0.127\lg\frac{e}{d}-0.627)}$	0.123	$\frac{8A}{4^m\pi^{2-m}g}=0.0802A$	$h_1=0.0802A\frac{Q^{1.877}\upsilon^{0.123}}{d^{4.877}}L$ $A=10^{\left(0.127\lg\frac{e}{d}-0.627\right)}$
	粗糙区	λ	0	$\frac{8\lambda}{\pi^2 g}=0.0826\lambda$	$h_1=0.0826\lambda\frac{Q^2}{d^5}L$ $\lambda=0.11\left(\frac{e}{d}\right)^{0.25}$

注：混合摩擦区推导 A 和 m 值时取 $Re_1=\frac{10d}{e}$，$Re_2=\frac{500d}{e}$。

2.2.2　局部压降（h_ξ）的计算

在长距离输油管道的工艺计算时，局部压降的计算分为干线管道的局部压降和站内的局部压降。两种情况需分别对待。

1）干线管道局部压降的计算

在长距离输油管道中，干线管道的局部压降主要发生在线路截断阀、管道转弯处等，多数都比较小，一般不单独计算，而是根据管道沿线地形起伏情况的不同，取管道干线长度 1%~2%的量作为沿线局部压降的附加长度，合并在管道沿程压降的计算长度中一并计算。即地形比较平坦的地段取 1%，地形起伏比较大的地段取 2%，其他情况在 1%~2%中取值。

2）站内局部压降的计算

站内的设备、管阀件较多，其局部压降通常是根据局部压降件的实际情况计算。液体流过局部压降件时的流动状态是十分复杂的，理论计算一个局部的压降相当困难。在应用中，通常是先通过实验，测得某个局部压降件通过一定量的流体时的压降，再根据选用的计算公式中的相关参数反算出该局部压降件的摩阻系数或者当量长度，如下式所示。

$$h_\xi=\xi\frac{\omega^2}{2g} \tag{2-8}$$

$$h_\xi=\lambda\frac{L_D}{d}\frac{\omega^2}{2g} \tag{2-9}$$

由以上二式可得：

$$L_D = \xi \frac{d}{\lambda} \tag{2-10}$$

式中 h_ξ——局部压降，m。

ξ——管件或阀件的局部摩阻系数；

L_D——管件或阀件的当量长度。

管件或阀件的当量长度指与流体通过该管件或阀体产生的摩阻损失相同的同径直管段长度。各种管件或阀体的当量长度和局部摩阻系数值，可查阅有关文献。

长输管道的各种站场相对于整个管道系统也可视为局部摩阻。站内摩阻损失等于流体经过站内所有管道、管件及设备所产生的局部阻力损失之和。

2.2.3 位差压降的计算

位差压降是指由管道沿线地形变化引起的被输送油品在管道中动水压力的升高或降低。管道上坡时，动水压力降低，动能转化为势能；管道下坡时，动水压力增加，势能转化为动能。在输油管道中，被输送油品的密度随输送压力的变化很小，可近似为不可压缩流体，管道上坡段减小的动能可以在相同的下坡段完全弥补回来。因此，一定管段内的位差压降只与该管段的终点与起点的海拔高度有关，与管段的中间地形变化无关。管段的位差压降等于计算段终点与起点的海拔高度之差，其公式如下：

$$\Delta Z = Z_Z - Z_Q$$

式中 ΔZ——位差压降，m；

Z_Z——终点海拔高度，m；

Z_Q——起点海拔高度，m。

2.2.4 管道的特性方程与特性曲线

1）管道特性方程

管道的压降由三部分组成，即：用于克服地形高差所需的位能、管路沿程摩阻和局部摩阻，计算公式为：

$$H = h_l + h_\xi + (Z_Z - Z_Q) \tag{2-11}$$

式中 h_l——沿程压降，m；

h_ξ——局部压降，m；

Z_Z——终点海拔高度，m；

Z_Q——起点海拔高度，m。

上式即为管道特性方程，长距离输油管道沿线的局部摩阻损失不大，一般只占沿程摩阻损失的1%左右。实际计算总摩阻损失时，通常将沿程摩阻损失乘以1.01即可。一般讨论中，也可忽略不计。故式(2-11)可简化为：

$$H=\beta\frac{\nu^{m}L}{d^{5-m}}Q^{2-m}+(Z_Z-Z_Q)$$

若$f=\beta\frac{v^{m}}{d^{5-m}}$，则：

$$H=fLQ^{2-m}+(Z_Z-Z_Q) \tag{2-12}$$

如果用水力坡降i来表示管道压降 则式(2-12)变为：

$$i=\beta\frac{Q^{2-m}V^{m}}{d^{5-m}}\quad H=iL+(Z_Z-Z_Q) \tag{2-13}$$

由式(2-12)和式(2-13)可以得到f与水力坡降i的关系：

$$f=iQ^{2-m} \tag{2-14}$$

由式(2-14)可以得出f的物理意义。f表示单位流量下，单位长度上的摩阻损失，也即$Q=1$时的水力坡降。

2）管道特性曲线

一定管路(D、L、ΔZ)一定输送某种已定黏度油品时，管路所需压头H和流量Q的关系($H-Q$关系)称为管路特性方程，将$H-Q$关系画在坐标图上叫做管路特性曲线(见图2-7)，层流区，$m=1$，$H\propto Q$，$H-Q$为一直线；紊流区，$m<1$，$H\propto Q^{2-m}$是非线性关系。

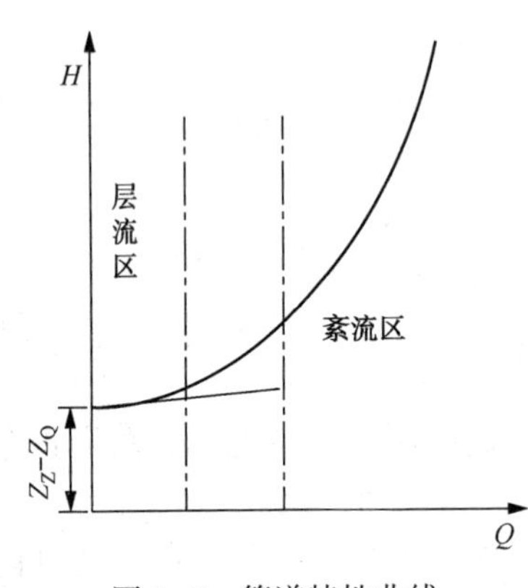

图2-7　管道特性曲线

一条管道输送一种油品，即d、L、ΔZ、ν一定时，其特性曲线是唯一的。当d、L、ΔZ和ν中任一参数发生变化时，特性曲线相应变化。例如，同一管道，当所输油品黏度不同，或管道阀件节流程度不同时，管道特性曲线的陡度就不同。黏度愈大、节流愈多，管道特性曲线愈陡；不同的管道，管径愈小、管道愈长时，管道特性曲线愈陡。

对于前后管径不同的变径管，其总的管道特性曲线为前后两段管道特性曲线的串联相加，如图2-8所示。对于平行管段，其总的管道特性曲线由主、副两管段的特性曲线并联相加，如图2-9所示。任何复杂的特性曲线均可用串、并联方法得到。

串联管路的特点是：

① 各段中流量相同：$Q_1=Q_2=\cdots=Q_i$；

② 总压头等于各段压头之和，$H=\sum H_i$。

并联管路的特点是：

①各条管路单位重量流体摩阻损失相等，$h_{f_1}=h_{f_2}=\cdots=h_{f_i}\cdots$（其中 f_1，f_2，⋯，f_i 为下标）；

③ 总流量等于各条管路流量之和，$Q=\sum Q_i$。

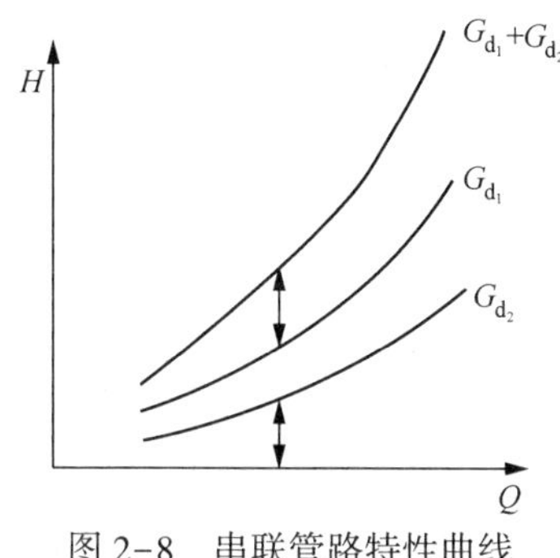

图 2-8 串联管路特性曲线

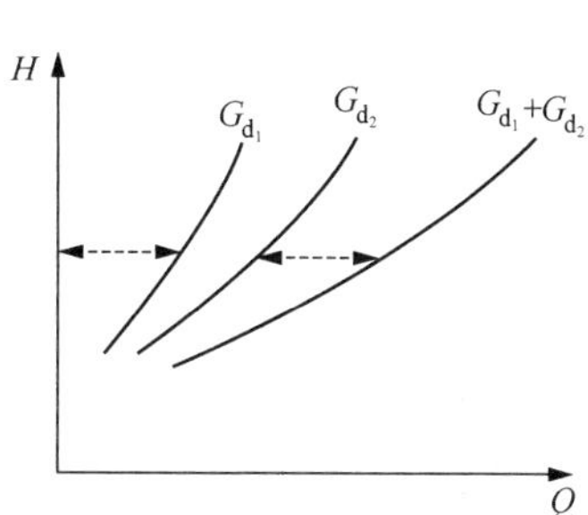

图 2-9 并联管路特性曲线

任务 2.3 输油泵站的工作特性分析及典型故障排除

输油泵站的任务就是不断向管道输入油品，并给油流提供一定的压力能，以便维持管内流动。由于离心泵具有排量大、扬程高、效率高、流量调节方便、运行可靠等优点，在长输管道上得到广泛应用。输油泵站的压能供应任务是由站上所装备的输油泵机组来完成的，故泵站工作特性即是运行泵机组联合工作特性。

2.3.1 离心泵型号识别

离心泵的型号由基本型号和补充型号两部分构成。其构成方式如下：

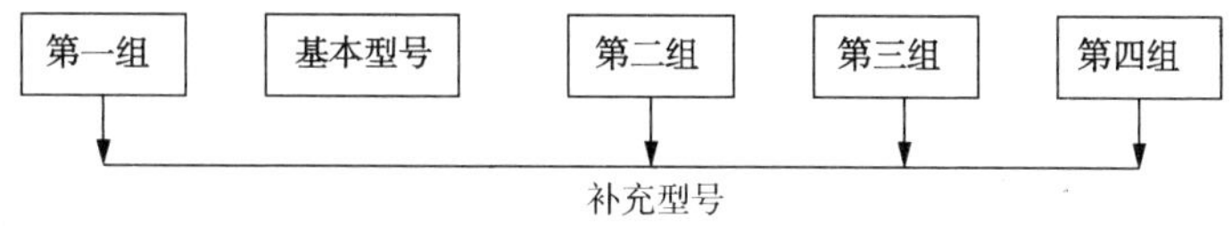

基本型号用汉语拼音字母表示，一般包含了泵的结构特点、应用范围等信息。下表列出了常见泵的型号中所用字母的含义，供使用时参考。

字母	在泵型号中的意义	字母	在泵型号中的意义
B	悬臂式离心泵	QJ	潜水泵
D	多级泵	R	热油泵

续表

字母	在泵型号中的意义	字母	在泵型号中的意义
J	离心式深井泵	S	双吸式离心泵
K	水平中开式离心泵	T	筒袋式泵
Y	输油泵	W	污油泵
YG	管道泵	YX	液下泵

补充型号由阿拉伯数字、罗马数字、英文字母等构成，表示泵的结构尺寸、材料、运行参数等信息。其中：

第一组为阿拉伯数字，表示泵吸入口直径的毫米数或英寸数。当用英寸数表示时，其数值为泵吸入口直径的毫米数除以 25 的商的整数。

第二组为罗马数字，表示泵所用材料。其中：Ⅰ—铸铁，Ⅱ—铸钢，Ⅲ—不锈钢。

第三组为阿拉伯数字，在离心泵中表示其扬程或比转数。表示单级离心泵的扬程时，其值为泵设计点扬程的米数；表示多级离心泵的扬程时，其表述形式为设计点的单级扬程米数乘以级数；表示离心泵的比转数时，其值为泵的比转数除以 10 的商的整数。

第四组为大写英文字母，表示泵的改型次数。

以上是泵型号构成的基本说明。需要注意的是：并不是所有泵的型号都由以上基本型号和四部分补充型号构成，同一字母在不同的型号中表示的意义也往往不同，在识读一个泵型号时，要结合具体设备综合考虑，灵活运用。下面举例说明。

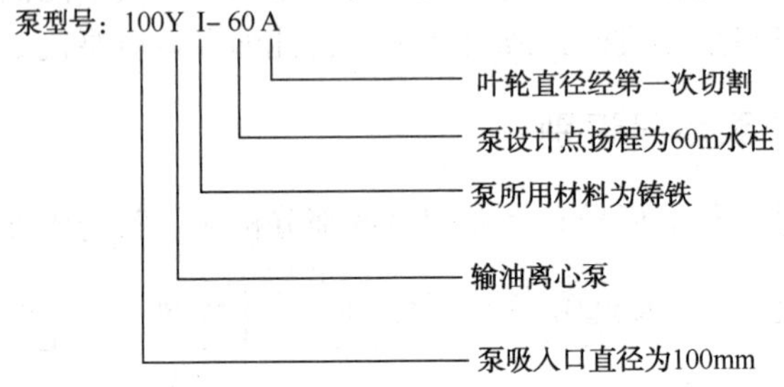

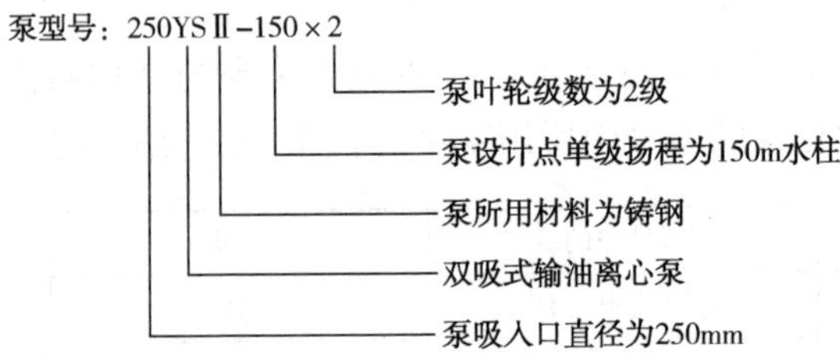

长距离输油管道所采用离心泵的型式有两种，多级泵和单级泵。多级泵的排量较小，管道输量较大时，在输油泵站上一般采用几台型号相同的泵并联使用，所以又称为并联泵；单级泵排量大，扬程低，在输油泵站上，一般用两台或三台泵串联工作，以便提供所需的泵站工作压力，所以单级泵又称为串联泵。表 2-2 给出了我国长距离输油管道所使用的几种输油主泵类型。

表 2-2 我国长输管道所使用的输油主泵类型

型　号	扬程/m	流量/(m^3/h)	效率/%	使用地点	备注
400KD250×2	535	1200	78.0	庆铁线	并联泵
DKS750/550	550	750	71.0	庆铁、铁秦、秦京、鲁宁、任京各线	并联泵
DKS450/550	550	450	61.0	秦京线、东临线	并联泵
KS-3000-190-Ⅲ	194	3000	83.0	铁大线	串联泵
KS-2700-90	93	2700	70.0	铁大线	串联泵
200D65×7~10	430~615	280	68.0	沧濮线、任京线、魏荆线、东黄线、中洛线	并联泵
250D6×9~10	540~600	450	78.0	濮临线、马惠线、中洛线	并联泵
DY155-67×9	603	155	72.0	濮临线、马惠线、中洛线	并联泵
20×20×19HSB	246	2850	88.5	东黄复线	串联泵
20×20×15BHSB	101	2850	88.5	东黄复线	串联泵

2.3.2 离心输油泵的工作特性

在恒定转速下，泵的扬程与排量($H-Q$)的变化关系称为泵的工作特性。另外，泵的工作特性还包括功率与排量($W-Q$)特性和效率与排量($\eta-Q$)特性。

对固定转速的离心泵，可以由实测的几组扬程、排量数据，绘制成离心泵特性曲线，如图 2-10 所示。

从特性曲线可以看出在不同的工况下，各种参数间的变化关系。随着 Q 增加，H 降低，而 N 增加。在某一流量下，泵的效率有一个最大值。工程上将泵效率的最高点称为额定点，与该点对应的流量、扬程、功率，分别称为额定流量(Q_0)、额定扬程(H_0)及额定功率(N_0)。

用最小二乘法回归泵特性曲线可得到其特性方程 $H=f(Q)$，见式(2-15)，用于长输管道工艺计算。

$$H = a - bQ^{2-m} \tag{2-15}$$

式中 H——离心泵扬程，m；

Q——离心泵排量，m^3/h；

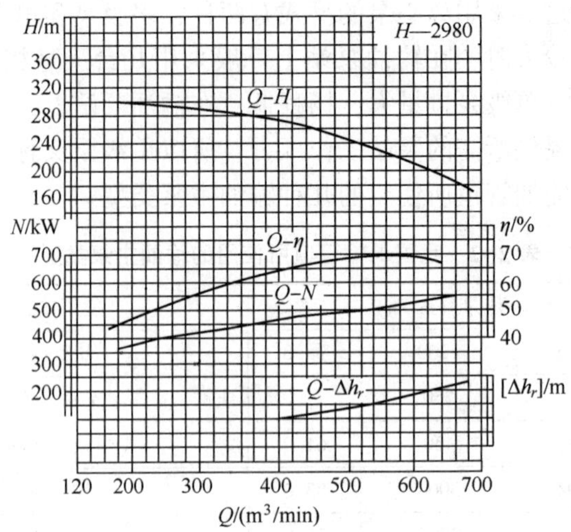

图 2-10　离心泵的特性曲线

a，b——常数；

m——流态指数，在层流区 $m=1$，水力光滑区内 $m=0.25$，混合摩擦区中 $m=0.123$，粗糙区 $m=0$。

2.3.3　改变泵工作特性的方法分析

改变泵特性的方法主要有：调节泵的转速、切削叶轮，进口负压调节等，进口负压调节一般只用于小型离心泵，大型离心泵一般要求正压进泵，不能采用此方法，多数采用切削叶轮和改变泵的转速(串级调速和液力耦合器等)的方法。

离心输油泵的工作特性受到转速、流体性质等多种因素的影响。

1) 转速对泵工作特性的影响

对于调速泵，调节转速可改变离心泵的工作特性，从而调节泵的排量和扬程。根据相似原理，转速对泵工作特性的变化可用下式表示

$$H = a\left(\frac{n}{n_0}\right)^2 - b\left(\frac{n}{n_0}\right)^m Q^{2-m} \tag{2-16}$$

式中　n_0、n——调节前后的泵转速，r/min；

a、b——对应 n_0 转速下泵工作特性方程中的两个系数。

离心泵调速措施通常有两类：一是调节原动机的转速，如燃气轮机、柴油机都具有调速功能，电动机可采用变频方法调速。另一类是通过安装在原动机和离心泵之间的调速器(如液力耦合器等)改变泵的转速。

2）切削叶轮改变泵特性

切削叶轮即为改变叶轮直径，在一定的转速下，采用不同直径的叶轮可以得到不同的泵特性。根据离心泵的切割定律，叶轮直径变化后的泵特性可用下式表示：

$$H = a(D/D_0)^2 - b(D/D_0)^{2-m}q^{2-m}$$

式中 D_0——变化前叶轮直径，mm；

D——变化后叶轮直径，mm；

a，b——对应转速 D_0 的两个常数。

3）液体黏度对泵工作特性的影响

离心泵铭牌上泵样本上给出的离心泵工作特性是输送20℃清水的特性。离心泵输送黏度比水大的液体如原油、润滑油及其他石油产品时，由于液体黏度增加，流动状态变化，使液体流经泵时的流动摩擦阻力损失增大，与输送清水时的额定工况相比，泵的扬程、流量及效率将降低，轴功率增加。同时，流体黏度增加，还会使泵的吸入特性变差，会增大其允许汽蚀余量。

离心泵输送黏性液体的性能，应以实验所得的数据和特性曲线为准。一般来说，当液体运动黏度在 $20\times10^{-6}m^2/s$ 以内时，泵的扬程、排量、功率等各项特性的变化均很小，可不予换算。在液体黏度大于 $20\times10^{-6}m^2/s$ 时，泵的效率、流量、扬程均下降，特性就要换算。关于换算的方法，国内输油管道使用的输油泵，多以输送原油时的实测数据和曲线为准。

4）汽蚀对泵工作特性的影响

当离心泵叶轮进口处某点的压力降低到输送温度下液体的汽化压力时，就有一部分液体汽化，生成汽泡，汽泡被液流带到压力较高的区域时迅速凝结。在凝结过程中，汽泡周围的液体就会高速向汽泡中心运动，从而产生严重的水击现象。水击的地方产生非常巨大的瞬时压力（可达几十 MPa），如汽泡紧贴在叶轮或其他部分的金属表面，该部位就会受到冲击。同时由于氧的析出和伴随汽泡凝结过程所产生的局部高压和高温，还使叶轮表面受到化学腐蚀。这种液体的汽化、凝结、水击和腐蚀的综合现象就称为汽蚀现象。

泵运转过程中，在开始产生汽蚀时，由于汽泡数量不多，汽蚀区域较小，人们觉察不出对泵正常运行的影响，因叶轮叶片表面上有一层液体蒸气覆盖着，叶片反而好像更光滑了，故泵的效率稍稍有些提高。汽蚀现象继续增加，汽泡大量产生，最后造成脱流，这时，水泵的扬程、功率以及效率曲线迅速下降，见图2-11所示。

离心泵铭牌上通常用允许汽蚀余量 Δh_{xu} 或允许吸上真空度 H_S 来表示其吸入性能。

允许汽蚀余量 Δh_{xu} 系指在额定排量下，为保证泵的正常工作，在泵入口处液体必须具有高于其蒸汽压力的能量，以克服泵入口处的内部损失，其数值主要取决于泵的结构。泵入口处的绝对压力与汽蚀余量 Δh 的关系为：

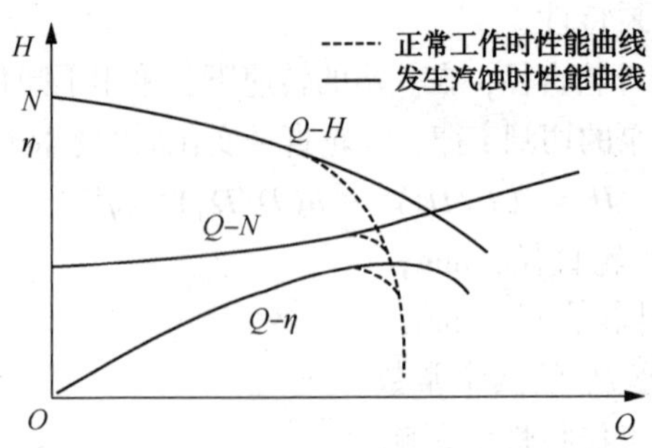

图 2-11　离心泵性能曲线变化

$$\Delta h = \frac{p_1}{\rho g} + \frac{\omega^2}{2g} - \frac{p_v}{\rho g} \tag{2-17}$$

式中　p_1——泵入口处液体的绝对压力，Pa；

ρ——所输液体的密度，kg/m^3；

ω——泵入口处液体的平均流速，m/s；

p_v——所输液体在该处的蒸汽压，Pa。

允许吸上真空度 H_S 系指在额定排量下，当大气压力 P_a 为 101322.5 Pa 时，抽吸20℃的清水，为保证泵正常运转所允许的最大吸上高度。H_S 与 Δh_{xu}之间的关系为

$$H_S = \frac{P_a - P_v}{\rho g} + \frac{\omega^2}{2g} - \Delta h_{xu} \tag{2-18}$$

当所输油品黏度大于 $60\times10^{-6}m^2/s$(60cP)时，离心泵的允许汽蚀余量和允许吸上真空度均要进行修正。

5）进口负压对离心泵工作特性的影响

有自吸能力的离心泵输送热原油或轻石油产品时，如保持泵进口在一定的负压下运行，泵的 $Q-H$ 特性曲线会相应降低，可作为调节泵工作特性措施之一。

同一离心泵在输水时，当吸入高度在 0～7m 内变化时，泵的 $H-Q$ 特性曲线不降不多。而当用于输油时，吸入高度由 1.77m 变化到 3.53m 时泵的 $H-Q$ 和 $\eta-Q$ 特性都有明显下降。如图 2-12 所示。

由于原油及其产品是含有溶解气的烃类混合物，它不同于单一物质——水。在外压逐渐降低过程中，逐渐析出溶解气，并引起轻组分的蒸发形成大量汽泡。随着气相的增加，液相变重，其蒸汽压下降，溶解气的析出和轻组分的蒸发也减少。同时，又由于原油的黏度大，表面张力小，加上沥青胶质等表面活性物质的存在，都增加了泡沫的稳定性，形成所谓的泡沫原油，使原油的可压缩性显著增加。由于泡沫原油的密度比纯态原油要小得多，因而

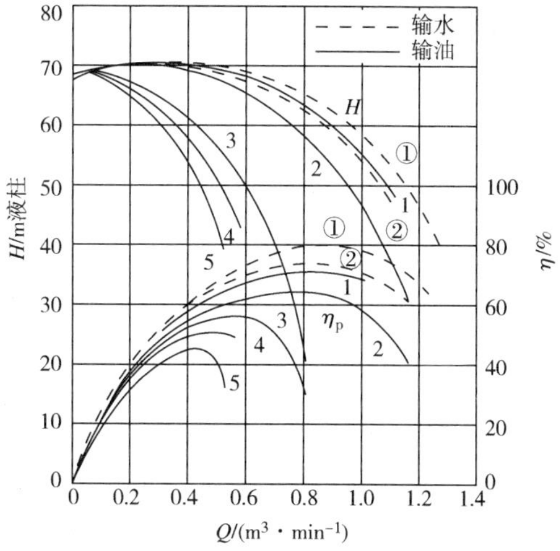

图 2-12 吸入压力对离心泵特性的影响

①—H_s = 0m；②—H_s = 7m；

1—H_S = 1.77m；2—H_S = 3.53m；3—H_S = 5.30m；

4—H_S = 6.00m；5—H_S = 6.55m

使泵的实际吸入液量、扬程和效率都下降，表现为特性曲线的下降及内移。对于轻成品油虽无溶解气，也不形成泡沫，但其蒸发的气相含量却较多，同样导致特性曲线的下降。

2.3.4 离心泵常见故障的排除

离心泵的故障可分为两类：一类是泵本身的机械故障，一类是泵和管路系统的故障。在输油泵站，要求每名职工都能熟练地利用自己的感官迅速地对设备的故障进行比较准确的判断，并作出快速相应的决策，迅速地将故障消灭在萌芽状态。关键是快速地通过“看”、“闻”、“听”、“切”迅速判断故障所在部位及其原因。

“看”：就是看压力表、真空表、电流表、温度表读数，看轴封及各部的泄漏情况，判断设备是否运行正常；

“闻”：闻设备有无烧糊、烧焦的异味，闻油气浓度是否超标；

“听”：听机器运转中有无异常声音；

“切”：用手摸设备温度是否正常、振动是否超标。

能够迅速准确地找出故障的原因并采取有效措施消除故障，对保证生产的顺利进行是非常重要的。

2.3.5 泵的串并联特性

1）串联泵站的工作特性

离心泵串联组合的特点是：通过每台泵的排量相同，均等于泵站的排量；泵站的扬程等于各泵扬程之和，如图 2-13 所示。

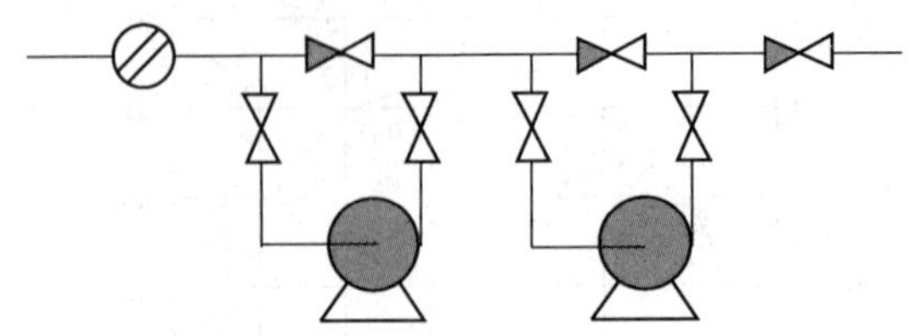

图 2-13 串联泵站示意图

2）并联泵站的工作特性

离心泵并联组合的特点是：每台泵提供的扬程相同，均应等于泵站扬程，泵站排量为每台泵的排量之和，如图 2-14 所示。

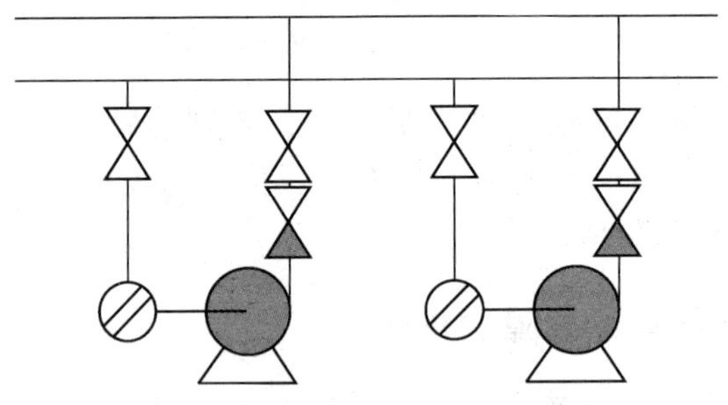

图 2-14 并联泵站示意图

3）多台泵串联、并联的工作特性

当泵站上的泵机组既串联又并联工作时，也可先由各泵机组特性串联和并联相加得到泵站特性曲线，然后在特性曲线上取点，回归出泵站特性方程。如图 2-15所示的四台泵机组的组合方式，其泵站特性曲线可由单泵特性曲线串联相加后再并联得到，1→2 Q 不变，H 增加；2→4 H 不变，Q 增加，如图 2-16(a)所示；也可以由单泵特性曲线并联后再串联相加而得，1→3 H 不变，Q 增加；3→4 Q 不变，H 增加，如图 2-16(b)所示。

从经济方面考虑，串联效率较高(可达 85%)，而并联泵效率只有 70%左右；从管路特性和地形方面考虑，串联泵更适合于地形平坦的地区和下坡段，而并联泵更适合于地形比较陡、高差比较大的爬坡地区；此外，串联泵不存在超载问

题，便于实现自动控制和优化运行，并联泵则不然。

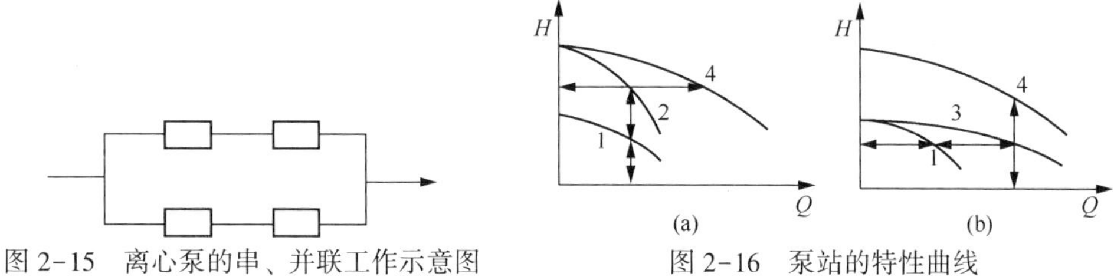

图 2-15 离心泵的串、并联工作示意图　　图 2-16 泵站的特性曲线

泵站的工作特性，反映了泵站的扬程与排量的相互关系，即泵站的能量供应特性。泵站的排量就是输油管道的输量，泵站的出站压头等于进站压头与泵站扬程之和减去站内摩阻，也就是油品在管内流动过程中克服摩阻损失、位差和保持管道终点剩余压力所需要的能量。输油管道全线各泵站的能量供应之和必然等于全线管道的能量需求。为了保证完成输油任务，泵站的排量必须大于或等于任务流量。

2.3.6 泵站-管道系统工作点

在长输管道系统中，泵站和管道组成了一个统一的水力系统，管道的流量就是泵站的排量，管道所消耗的能量(包括终点所要求的剩余压力)必然等于泵站所提供的压力能，二者会保持能量供求的平衡关系。泵站-管道系统的工作点就是指在压力供需平衡条件下，管道流量与泵站进、出站压力等参数之间的关系。

确定输油管道-泵站系统工作点有图解法和解析法两种方法。

1）图解法

在设计和生产管理工作中，常用制作泵站特性曲线和管道特性曲线，求二者交点的方法，来确定泵站的排量和进、出站压力。

以全线仅有一座泵站的管道系统为例，如图 2-17 所示，曲线 C 为泵站出站压头随排量的变化曲线，G 为管道特性曲线。忽略进站压头，二者的交点 A 称为系统的工作点，即泵站的排量为 Q_A，出站压头为 H_A。

泵站或管道中任何一方工作情况的变化，例如所输油品的改变，或并联运行的泵机组数的变化等都会破坏系统的能量平衡，而系统必将自动建立新的平衡关系，以适应这种变化。表现在图形上就是泵站或管道特性曲线的改变，使系统转入新的工作点处运行，此时流量和进、出站压力都将发生变化。如要保持原来的流量就需采取调节措施，改变泵站或管道的工作特性曲线，恢复管道系统的输送能力。

为了保证输油管道安全经济地工作，工作点必须在泵站特性曲线的最高效率

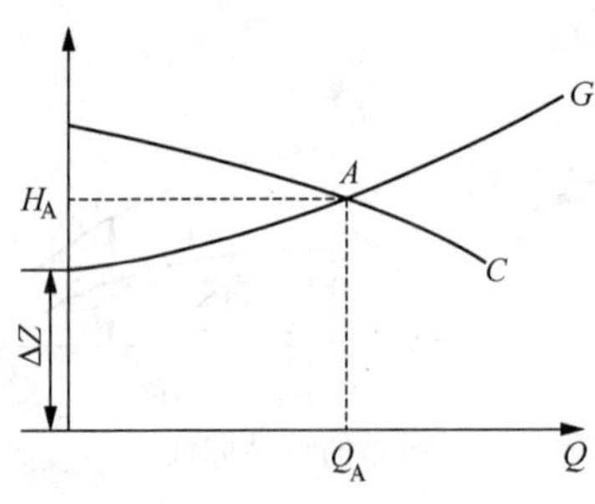

图 2-17　泵站与管道的工作点

区内，工作压力要在管道强度允许范围内，工作流量要满足输送任务的要求。

当一条长输管道上有几个泵站时，由若干泵站所给出的总扬程，应等于全线管道所需的总压头，由于各泵站间的相互连接方式或输油方式不同，泵站-管道系统的工作具有不同的特点。

2）解析法

泵站-管道系统的工作点，除了图解方法以外，也可以通过列出泵站的压力供应特性方程和管道的压力消耗特性方程，根据压头供需平衡的原则来求解。

假设一条管道有 N 座泵站，且泵站特性相同，全线管径相同，无分支，首站进站压头和各站内摩阻均为常量，可写出全线的压力供需平衡关系式如下：

$$H_{S1}+N(A-BQ^{2-m})=fLQ^{2-m}+(Z_Z-Z_Q)+Nh_m+H_t \tag{2-19}$$

由上式可求出管道的工作流量：

$$Q=\left[\frac{H_{S1}+NA-(Z_Z-Z_Q)-Nh_m-H_t}{NB+fL}\right]^{\frac{1}{2-m}} \tag{2-20}$$

式中　Q——全线工作流量，m^3/s；

N——全线泵站数；

f——单位流量的水力坡降；

H_{S1}——管道首站进站压头，m；

H_t——管道终点剩余压头，m；

L——管道总长度，m；

Z_Q、Z_Z——管道起、终点高程，m；

h_m——每个泵站的站内损失，m 液柱，一般约为 10~20m。

求出工作流量后，即可根据站间压力供需平衡的原则，确定各站的进出站压力

$$H_{d1}=H_{S1}+H_C-h_m \tag{2-21}$$

$$H_{S2}=H_{d1}-fQ^{2-m}L_1+\Delta Z_1 \tag{2-22}$$

式中　H_{d1}——首站出站压力，m；

H_C——泵站扬程，m；

L_1、ΔZ_1——第一站间管道的长度及高差，m。

其余泵站参数的计算依次类推。

任务2.4 等温输油管道基础资料的整理及其应用

等温输油管道工艺计算的主要目的是解决油品在管道中流动的能量损耗与供给的平衡问题，进行工艺计算时，需对基础资料(如输量、温度、埋深、密度、黏度等)进行整理。

2.4.1 工艺计算所需的基础资料

1）计算流量

以设计任务书给定的最大输量作为工艺计算的依据，通常任务书给的是年输量，计算时必须将其换算成计算密度下的体积流量 m^3/h 或 m^3/s。考虑到管道维修及事故等因素，计算时年输油时间应按350天(8400h)计算，即：

$$Q=\frac{G\times10^7}{\rho_{CP}\times8400}m^3/h \quad 或 \quad Q=\frac{G\times10^7}{\rho_{CP}\times8400\times3600}m^3/s \tag{2-23}$$

式中 G——年任务质量输量，$10^4t/a$；

Q——体积流量，m^3/h 或 m^3/s；

ρ_{CP}——年平均地温下的油品密度，kg/m^3。

2）计算温度

在长距离的等温输油管道上，所输油品的温度一般接近于埋深处的土壤温度，故管道埋深处的土壤原始地温，直接影响所输油品的黏度和密度。在进行水力计算时，一般采用年平均地温所对应的油品物性参数。可由勘探选线资料提供的管路埋深处每月的平均地温，求出年平均地温为：

$$t_{ocp}=\frac{1}{12}(t_{01}+t_{02}+\cdots+t_{12}) \tag{2-24}$$

式中 t_{01}，t_{02}，…，t_{12}——1~12个月份的平均地温。

3）油品的密度

在进行水力计算时，油品的密度采用管道埋深处土壤年平均温度下的密度。根据20℃时油品密度按下式换算成计算温度下的密度：

$$\rho_t=\rho_{20}-\xi(t-20) \tag{2-25}$$

式中 ρ_t、ρ_{20}——温度为 t℃及20℃时的油品密度，kg/m^3；

ξ——温度系数，$\xi=1.825-0.001315\rho_{20}$，$kg/(m^3\cdot℃)$。

4）油品黏度

油品运动黏度可按下式计算：

$$v_t = v_0 e^{-u(t-t_0)} \tag{2-26}$$

式中 v_t、v_0——温度为 t、t_0 时油品的运动黏度，m^2/s；

u——黏温指数，1/℃。

5）管材及工作压力

管材对工艺计算的影响表现在两个方面：一是管材不同，在相同的管径和壁厚的情况下，其承压能力也不同，管道的承压能力决定了泵站最高的出站压力，常用钢种的强度参数、见表 2-3；二是管材不同，其内壁的粗糙程度不同，对流体流动的摩擦力亦不同。

表 2-3　不同钢种的抗拉强度(GB 9711-88)

钢种等级	屈服极限/MPa	抗拉强度/MPa	可比较的 API 标准钢种	管道参考承压/MPa
5205	205	330	A	4
S240	240	415	B	4.5
5290	290	415	X42	5
S315	315	435	X46	5.5
S360	360	455	X52	6
S385	385	490	X56	6.5
5415	415	535	X60	7
5450	450	550	X65	8
5480	480	565	X70	10

6）经济流速

在相同的任务输量下，所选用的管径大，建设投资就大，但流速小，流动阻力小，运行的动力费用就低；反之，所选用的管径小，建设投资就小，但流速大，流动阻力大，运行的动力费用就高。经济流速就是管道在建设投资、运行费用等综合费用最低时的商品流动速度。

根据大量经济计算及运行实践可知，输油管道经济流速的变化范围一般为 1.0~2.0m/s。在设备、材料、动力价格等经济参数一定的情况下，经济流速大小取决于管径和油品的黏度。一般管径越大，经济流速越高；油品黏度越大，经济流速越低。我国目前对 *DN*300~700mm 的含蜡原油管道，设计时一般取经济流速为 1.5~2.0m/s，成品油管道经济流速为 2.0m/s 左右。表 2-2 列出了我国长距离输油管道中原油或成品油的推荐流速。

表 2-2 我国长距离输油管道中原油或成品油的推荐流速

管径/mm	流速/(m/s)	管径/mm	流速/(m/s)	管径/mm	流速/(m/s)
219	1.0	426	1.2	820	1.9
273	1.0	530	1.3	820	2.1
325	1.1	630	1.4	1020	2.3
377	1.1	720	1.6	1220	2.7

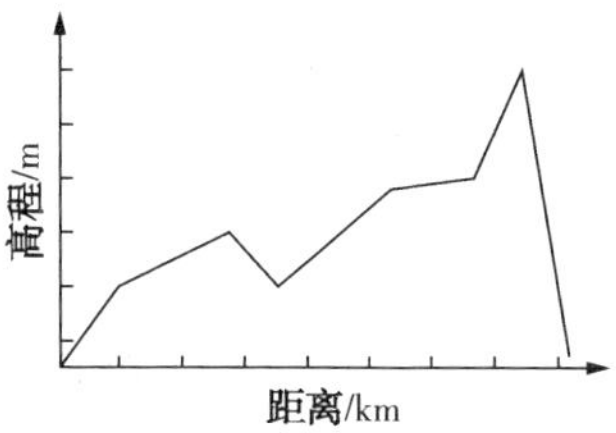

7）管道纵断面图

管道纵断面图(图 2-18)，是按适当比例，在直角坐标系中，用来表示管道长度与沿线高程关系的图形。横坐标表示管道的实际长度，常用的比例为 1∶10000 到 1∶100000；纵坐标表示线路的海拔高程，比例为 1∶500 到 1∶1000。应该指出，纵断面图的起伏情况与管道的实际地形并不相同。

高程/m
距离/km

图 2-18 管道纵断面图

2.4.2 管道水力坡降线的绘制

在纵断面图上，管道的水力坡降线是管内流体的能量压头(忽略动能压头)沿管道长度的变化曲线，如图 2-19 所示。等温输油管道的水力坡降线是斜率为 i 的直线。如果影响水力坡降的因素之一发生变化，水力坡降线的斜率就会改变，但仍为直线。图 2-20 是沿线有副管和变径管时的水力坡降线的变化情况。

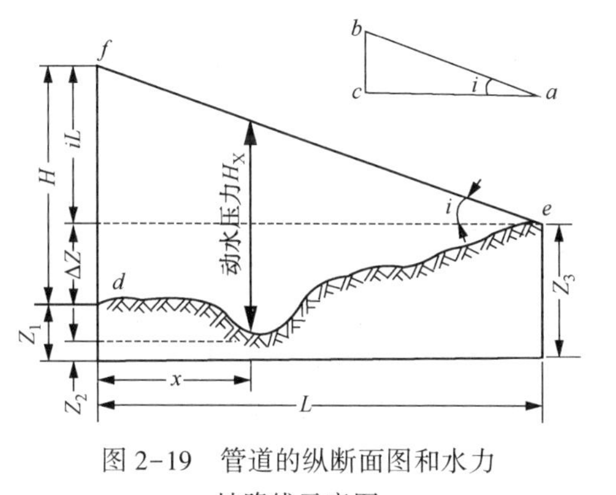

图 2-19 管道的纵断面图和水力坡降线示意图

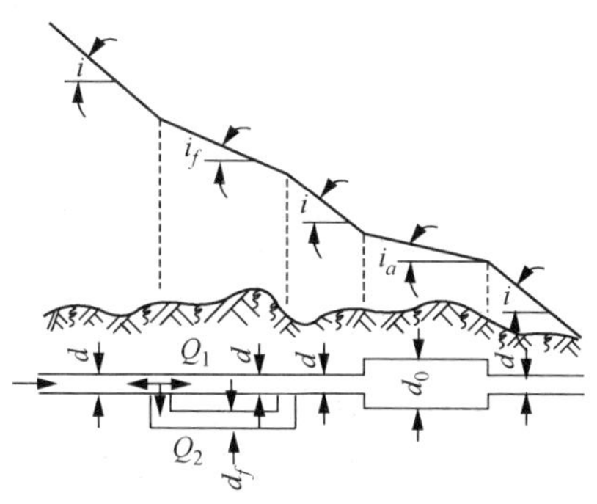

图 2-20 副管和变径管的水力坡降线示意图

绘制水力坡降线的方法是：在管道纵断面图上，按照纵、横坐标的比例，平行于横坐标画出一段线 ca，由 c 点，平行于纵坐标，向上画出对应 ca 段管道长

度内的摩阻损失 cb，连接 ab 得到水力坡降三角形。ab 直线的斜率为水力坡降 i。再在管道纵断面图的泵站位置上，以高程为起点向上作垂线，按纵坐标的比例，取高为 df 的线段，使 df 的值等于泵站出站压头 H_d，H_d 为进站压头 H_s 与泵站扬程 H_c 之和再减去站内摩阻 h_m，即：

$$H_d = H_s + H_c - h_m$$

平移水力坡降三角形的斜边，使之左端与 f 点相接，右端与纵断面线交于 e 点，斜线 fe 为该站间的水力坡降线，如图 2-19 所示。

图 2-19 中，纵断面线表示管内流体位能的变化，水力坡降线表明了管道沿线的压力损失情况。管道沿线任一点水力坡降线与纵断面线之间的垂直距离，表示液体流到该点时管内剩余压头，又称动水压力 H_x。

$$H_x = H - [ix + (Z_x - Z_1)] \tag{2-27}$$

当水力坡降线与纵断面线相交于 e 点时，表示液体到达该点时压能已耗尽。如欲继续往前输送，必须重新升压。显然，沿线管内动水压力的大小除与地形有关外，还决定于水力坡降的大小。当管道的输送工况改变，导致水力坡降变化时，沿线的动水压力也会不同。

2.4.3 翻越点及计算长度

线路地形起伏大的情况下，在纵断面图上作水力坡降线以检查沿线压力分布时，可能出现如图 2-21 虚线所示的情况，即按起终点高差由式(2-19)计算出起点处压头 H，并由此作水力坡降线时，在达到终点以前，水力坡降线就与管道纵断面线相交了。这说明按式(2-19)计算的起点压头 H 不能将此流量的液流输送到管道终点，因为式(2-19)没有考虑线路中途高峰的影响。设该高峰 f 处的高程为 Z_f，距起点距离为 L_f，则将规定流量的液流输送到该高峰处所需的起点压力为：

$$H_f = iL_f + Z_f - Z_Q > iL + Z_z - Z_Q = H \tag{2-28}$$

为使液流通过该高峰 f，必须使液流在起点具有比 H 更高的压头 H_f。而在 f 点以后，其与终点的高程差(Z_f-Z_z)大于该段管路的摩阻 $i(L-L_f)$。说明在规定的输量下，液流不仅可从高峰自流到终点，而且还有剩余能量。如不采取其他措施加以利用或消耗这部分剩余能量，则在高峰以后的管段内将发生不满流，即通过局部流速变大来消耗剩余的能量。线路上的这种高峰就称为翻越点。

不满流的存在不仅浪费了能量，而且可能在液流速度突然变化时增大水击压力。在顺序输送的管道上则会增大混油量，故通常需采取措施以避免不满流。例如在翻越点后换用小直径管路，或在终点或中途设减压站节流等。

若线路上存在翻越点时，管道输送所需要的起点压力不能按终点高程差及全长来计算，而应按起点与翻越点的高程差及距离来计算。对翻越点以后，可充分利用位差的原则来选择管径或采用其他措施消除不满流。起点与翻越点之间的距离即称为管道的计算长度。

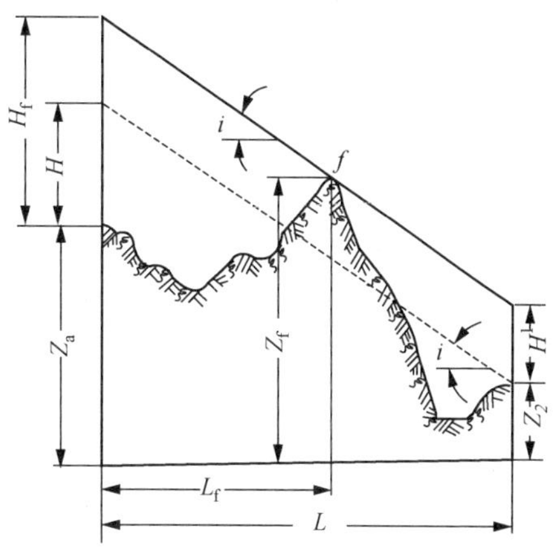

图 2-21 翻越点与计算长度示意图

在地形起伏剧烈的线路上是否有翻越点，可用在纵断面图上作水力坡降线的方法来判断。在接近末端的纵断面线的上方，按其纵横坐标的比例作水力坡降线，将此线向下平移，直到与纵断面线相切为止。如水力坡降线在管道终点相交之前，不与管道纵断面上的任一点相切，即不存在翻越点。反之，在与终点相交前，水力坡降线与纵断面线的第一个切点就是翻越点，如图 2-21 所示。翻越点不一定是管道沿线的最高点，往往是接近末端的某高点。

有无翻越点，不仅与地形起伏的情况有关，还决定于水力坡降的大小。水力坡降愈小，愈易出现翻越点。因此，在管道输量逐年增大的情况下，可能在输送初期有翻越点，而在输量接近满载时，就没有翻越点了。

2.4.4 泵站数的确定

为了将规定输量的油品从起点输送到终点，长距离输油管道消耗的压力常达几十 MPa。为了经济、安全地完成输送任务，需要在沿线设置若干个泵站提供压力能。每个泵站所能提供的压头(以 m 液柱计算的扬程)决定于泵站的工作特性和排量。这个压头值应该充分利用管子的强度，并在泵机组高效率区的范围内。根据任务流量，在泵站工作特性曲线上可以得到每个泵站所能提供的扬程为 H_c。全线 N 个泵站提供的总扬程必然与管道全线消耗的总能量平衡，于是有：

$$N(H_c - h_m) = iL + \Delta Z + H_{sz} \tag{2-29}$$

泵站数：

$$N = \frac{H}{H_c - h_m} \tag{2-30}$$

式中 H_c——任务流量下泵站的扬程，m；

h_m——泵站站内损失，m；

H——任务流量下管道所需总压头，m；

H_{sz}——末站剩余压力，m。

泵站的站内摩阻损失，其大小与输量有关，取值参考表 2-3。

表 2-3 不同计算输量下的 h_m

输量/(m^3/h)	1250	2500	3600	5000	7000	10000	12000
h_m/(m 液柱)	40	45	50	55	60	80	100

显然式(2-30)计算出的 N 不一定是整数，只能取与之相近的整数作为该方案需设置的泵站数。

1）较小化整

若将 N 化为较小整数，则在规定的输量 Q 下，泵站提供的压力能小于管道所需压头 H，系统势必在比任务输量 Q 小的输量下运行，以保持能量供应与消耗的平衡。如欲保持规定的输量不变，就需采取措施增加泵站所供应的压力能，或减少管道所需的压力能。铺设一段大变径管或副管可以减少摩阻，从而减少管道能量消耗。但由于铺设副管或变径管投资费用较大，运行管理也不方便，新建管道时一般不选择这种方法，仅在已有管道增加输量时有用副管的情况。若管道强度条件允许，可以通过调节转速来提高泵站扬程，增加能量供应。

2）较大化整

相反若将 N 化为较大整数，系统的输量将大于任务输量 Q。如欲保持规定的输量，需采取措施以减少泵站提供的压力能或增加管路的摩阻损失。常用的办法是将离心泵的级数减少或叶轮换小，从而减少能量的供应。也可考虑将部分管径换小，即敷设小变径管，或采取节流等方式增加能量消耗。

在工程实践中，泵站数究竟往哪一方向化整，采取什么相应措施，要进行综合的技术经济比较。要考虑到各季度油品的不同黏度、泵机组的高效率区、管子的强度、原动机的负荷等多种因素，以最小的输油成本安全完成输送任务为目标，对各方案作经济比较，决定取舍。此外，还要考虑输量的变化趋势，如输量有增大的趋势，站数就取较大的整数。

任务 2.5 输油管道工作参数校核

等温输送管道油温接近管道铺设处的环境温度，故管道的最高和最低输送温度就等于一年中月平均最高和最低环境温度。在最高和最低温度下的管道运行参数是否在设计允许的范围内需要进行校核。

2.5.1 输送温度影响校核

实践证明，油温高时，油流的黏度小，水力坡降线及管道持性曲线都较平缓；反之，油温低时，油品的黏度大，水力坡降线及管道持性曲线都较陡，故进出站压力会随季节而变化。

校核的方法如图 2-22 所示，对于全线有三个泵站，以“密闭输送”方式工作的管道，实线代表年平均输送温度下的水力坡降线，虚线代表最低输送温度下的水力坡降线。从图中可知，各站在最低输送温度时的出站压力均升高，第二站的进站压力升高，第三站的进站压力降低。同理可以作出最高输送温度时的水力坡降线。

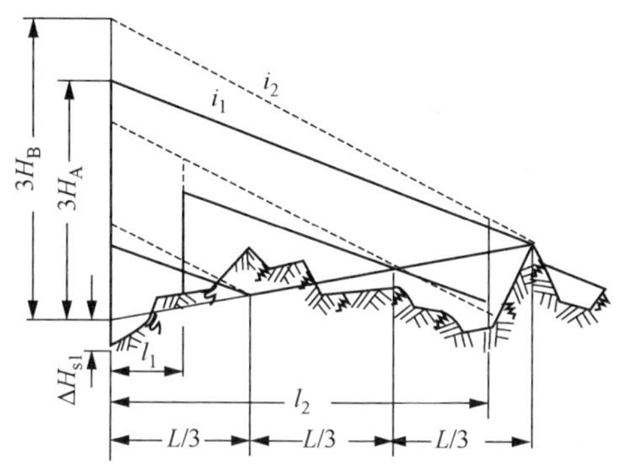

图 2-22 温度变化对管道运行参数的影响

各站运行参数随输送温度变化的规律是：输送温度较低，油品黏度增大，输量减少，各站出站压力升高；全线各站均匀分布，各站进站压力不变；全线各站不均匀分布时，小于平均站间距的站进站压力升高，大于平均站间距的站进站压力降低。

输送温度升高，油品黏度减小，输量增加，各站出站压力降低；全线各站均匀分布时，进站压力不变；全线各站不均匀分布时，小于平均站间距的站进站压力降低，大于平均站间距的站进站压力升高。

如果通过校核在最高或最低温度时，某泵站的进站或出站压力超出了设计允许的泵或管道的特性，应考虑在可能的情况下调整泵站位置，或采取相应的调节措施。

2.5.2 动、静水压力的校核

1）动水压力校核

动水压力指油流沿管道流动过程中各点的剩余压力。在纵断面图上，动水压力是管道纵断面线与水力坡降线之间的垂直高度。动水压力的大小不仅取决于地形的起伏变化，而且与管道的水力坡降和泵站的运行情况有关。

动水压力超过设计参数范围的情况，大多发生在中间泵站越站运行时。当某中间泵站由于停电、设备故障等原因，引起停运时，需启动压力越站流程。中间泵站压力越站时，由于全线的总供能减少，输量降低，每座泵站的出站压头升高。可以通过在管道纵断面图上画水力坡降线的方法校核动水压力。

校核动水压力，就是检查管道的剩余压力是否在管道操作压力的允许值范围内。原油及成品油管道的最低动水压力(一般为高点压力)应高于 0.2MPa，最高动水压力应在管道强度的允许值范围内。液化石油气管道应始终保持在液态输送，沿线任何点压力都必须高于输送温度下管输液化石油气的饱和蒸气压。对于最高动水压力校核，一般要考虑两个方面：

① 校核动水压力应根据管道可能承受压力的最不利条件进行。在长输管道的运行过程中，中间泵站停运(停电、设备故障等原因)是不可避免的事情。因此，中间泵站都设有压力越站流程。显然，压力越站输送时沿线有的管段上动水压力会比正常输送时的压力偏大。特别是分期建设的管道工程，不同时期，中间泵站压力越站时沿线动水压力的分布也不同。校核动水压力，应全面考虑各种工况，确保任何时候动水压力均符合管道强度的设计要求。

图 2-23 表示了一条水平管道在不同时期，正常工况与压力越站时沿线动水压力的变化情况。图中曲线 1 和 1′分别是第一期工程投产后，泵站正常输送和压力越站时的水力坡降线，虚线 2 和 2′分别是第二期工程投产后，泵站正常输送和压力越站时的水力坡降线。分析图 2-23 可知：管道设计时，一是应按第二期工程的泵站、间距校核动水压力；二是要考虑到不同站间，承压要求不同。例如，对于第一期工程泵站的上游站间管道(如 2-3，4-5，6-7，……站间)，应根据第二期工程投产后压力越站时的水力坡降线进行校核；对于第二期工程泵站的上游站间管道(如 1-2，3-4，……站间)，应根据第一期工程投产后压力越站时的水力坡降线进行校核。如果考虑地形高差变化，管道动水压力校核也应根据压力越站时的水力坡降线进行，只是承压要求需具体分析。

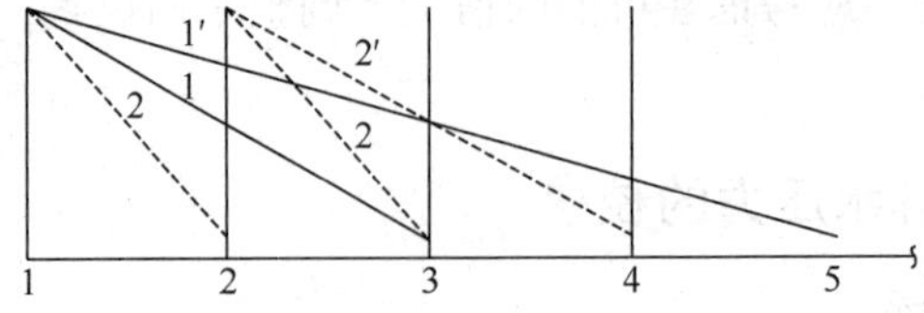

图 2-23　不同时期、不同工况沿线动水压力的变化示意图

② 地形起伏剧烈、落差比较大的地区，下坡段低处的动水压力有可能超出管道允许工作压力。需要采取改变站址、用小直径管、设立减压站等措施，使管内动水压力满足管道承压的要求。

2）静水压力校核

静水压力指油流停止流动后，由于地形高差产生静液柱压力。静水压力超出设计参数范围的情况，大都发生在采用翻越点的管段或管道沿途高峰后的峡谷地段。对于这种超压情况，通常采取增加壁厚、设置减压站、自动截断阀等措施解决。

任务2.6 等温输油管道运行参数的调节与控制

输油管道在输油过程中受各种因素(如温度、油品供需变化、设备运行状况等)影响，工况(输量和压力)会发生一定程度的变化，这些工况变化有的是为了改变输送任务而主动促使产生的，即正常工况变化；有的则是受各种无法预测的因素影响自然发生的，即事故工况变化。不论哪种工况变化，都应加以控制和调节，否则将影响管道的安全、经济输油。

输油管道的调节是通过改变泵站的能量供应或改变管道的能量消耗，使之在给定的输量条件下，达到新的能量供需平衡，保持管道系统不间断、经济的输油。管道的调节就是人为对输油工况加以控制。从广义上说，调节分为输量调节和稳定性调节两种情况。

输油管道的调节原则包括：①保证完成任务输量的前提下，全线能耗费用最低；②对密闭输送管道，全线综合考虑，优先改变泵站的能量供应，使节流损失最小；③对旁接油罐方式，管道调节主要是各站间的调节，各站自行调节过程中，尽量减少旁接油罐液位的变化。当流量波动较大时，应优先改变运行的泵站数，然后在小范围调整各站参数。

2.6.1 输量调节

首站收油是不平衡的，一年之内各季不平衡，甚至各个月份也有差别；末站向外转油受运输条件或炼厂生产情况的影响，有时候出路不畅。这些来油和转油的不平衡必然使管道的输量相应变化，这些输量的改变要靠调节来实现。

根据管道系统的能量供需特点，调节方法可以从两个方面考虑：改变泵站特性，从能量供应方面考虑；改变管路特性，从消耗方面考虑。离心泵的流量调节，其实质上是改变泵的工作点。由于工作点是由泵的特性曲线和管道特性曲线决定，只要改变两条特性曲线之一均能达到目的。

1）切削叶轮(或更换不同直径的叶轮)

对于切削叶轮有以下关系式成立：

$$\frac{Q'}{Q}=\frac{D'}{D}\qquad\frac{H'}{H}=\left(\frac{D'}{D}\right)^2\qquad\frac{N'}{N}=\left(\frac{D'}{D}\right)^3$$

式中 D、D'——泵改变前后的叶轮直径，mm；

Q、Q'——泵改变前后的泵输量，m^3/s；

H、H'——泵改变前后的泵扬程，m；

N、N'——泵改变前后的泵功率，W。

即泵排量与叶轮直径成正比。通过对输油泵更换不同直径的叶轮可以在一定范围内改变输量，但泵的叶轮不能切削太多，否则泵效率下降较大，因此这种方法不适用于大幅度改变输量的情况。

2）改变多级泵的级数

通过改变多级泵的级数，减小泵的扬程，从而降低管线输量。这种方法适用于并联离心泵的管道。要求降低输量时，拆掉若干级叶轮，而需要恢复大输量时则将拆掉的叶轮重新装上。

3）改变运行的泵站数或泵机组数

此方法调整范围大，适合于输量波动较大的场合。对串联泵机组可以调整全线各站运行的泵机组数和大、小泵的组合；对于并联机组可以改变站内运行的泵机组数和全线运行的泵站数。

4）改变泵的转速

$$\frac{Q'}{Q}\propto\frac{n'}{n}\qquad\frac{H'}{H}\propto\left(\frac{n'}{n}\right)^2$$

式中 n，n'——改变前后泵的转速。

改变泵的转速，实质也是改变泵的特性曲线，泵的排量与转速成正比，扬程与转速的平方成正比。当离心泵的转速变化20%时，泵效基本无变化，因此，调速是效率较高的改变输量的方法。

但是，改变泵的转速往往受到现有设备条件的限制。在串联工作的泵站上，如果泵的原动机为燃气轮机或柴油机，则每台泵都可调速。如为电动机，目前我国长输管道所使用的大多数为异步电动机，调速比较困难，一般在泵与电机之间加变速装置(如液力耦合器)或加串级调速装置，也可采用变频调速。

2.6.2 稳定性调节(即自动调节)

稳定性调节(即自动调节)的目的是为了保障输油泵的正常工作和站间管路的强度安全，调节实际上是对管中油品压力的调节，其要求是能经常性工作，调节机构的动作速度应使管道中压力的变化等于计算的扰动速度看，以避免压力变化达到保护给定值而发生保护性停机。稳定性调节方法有三种：改变泵机组转速、回流和节流。

1）改变泵机组转速

如果泵站上装有可调速泵机组，可以利用这种方法进行压力调节。从节省能量角度讲这是一种较好的方法。但如果只从压力调节方面考虑，采用调速泵机组一般是不合理的。

2）回流调节

回流可以单泵也可以全泵站进行。大型输油泵的特性曲线比较平缓，为了调节不大的压力就需要大量回流，消耗较多的能量。回流就是通过回流管路让泵出口的油流一部分流回入口，这种情况下泵的排量大于管路中的流量，靠泵排量的增加降低泵的扬程，从而达到降低量大于管路中的流量，靠泵排量的增加降低泵的扬程，从而达到降低出站压力的目的。采用这种方法时要防止原动机过载，一般很少采用。

3）节流调节

节流是人为地造成油流的压能损失，降低节流调节机构后面的压力，它比回流调节节省能量。油管道除非发生水击或泵机组开停等较大压力波动情况，一般情况下调节压力的时间不超过全部输送时间的3%~5%，调节幅度不大于单泵扬程的10%~25%，在这种情况下使用节流法调节是非常合适的。目前密闭输送管道除了少数靠变速调节外，绝大多数采用节流法。

使用节流法时，通常把节流调节机构设在泵站的出口管道上，这样即可控制出站压力又能保证进站压力，流程简单且使用方便。这种流程一般要求输油泵排出汇管比站间管路有较多的强度裕量。如果节流使站内汇管产生的高压达到规定值时，则应关闭一台泵，降低压力，同时降低输量。

阀门节流调节是简单易行的调节方法，调节阀的价格也比调速装置便宜，但压力损失大，能耗高。可用于输油管道的调节阀有直通双座调压阀和调压球阀，直通式双座调压阀是早期使用的一种调压阀，因其流通能力有限，全开时压降大，噪声大，不适合于黏度较大的油品；调节球阀是近年来发展的一种调压阀门，可有效克服直通式双座调压阀的弊端，目前已广泛应用于输油管道中。

任务2.7 等温输油管道设计计算基本程序

2.7.1 等温输油管道设计计算所需基本数据及原始资料

等温输油管道设计计算所需基本数据及原始资料包括以下部分：

(1) 输量(含沿线分油和加油量);

(2) 管道起终点,分油或加油点,及管道纵断面图;

(3) 可供选择的管材规格;

(4) 可供选择的泵、原动机型号及性能;

(5) 所输油品的物性;

(6) 沿线气象及地温资料;

(7) 主要技术经济指标:每公里管道的投资(万元/km),每公里管道的钢材消耗量(t/km),输油成本、燃油费、电费、人工费等。

表 2-4 不同直径输油管道的工作压力和输量

原油管道			成品油管道		
外径/mm	工作压力/($10^4 N/m^2$)	年输量/(Mt/a)	外径/mm	工作压力/($10^4 N/m^2$)	年输量/(Mt/a)
530	54~65	6~8	219	90~100	0.7~0.9
630	51~62	10~12	273	75~85	1.3~1.6
720	50~60	14~18	325	67~75	1.8~2.2
820	48~58	22~26	377	55~65	1.5~3.2
920	46~56	32~36	426	55~65	1.5~4.8
1020	46~56	42~50	530	55~65	6.5~8.5
1220	44~55	70~78			

2.7.2 设计计算的基本步骤

设计计算的基本步骤如下:

(1) 确定管中心埋深处最冷月份的平均地温,并作为设计计算的输油平均温度;

(2) 计算年平均地温下的油品密度、黏度;

(3) 计算体积流量(按 350 天/年计算,把年任务输量换算成体积流量 Q);

(4) 根据经济流速(参考表 2-2),初定管径,并按钢管规格,初选 3~4 种相邻的管径,按 3~4 种方案分别计算;

(5) 初定工作压力(参考表 2-4);

(6) 按任务流量和初定工作压力,选择泵机组型号及组合方式(串、并联);

(7) 建立泵站的特性方程,计算任务流量下的泵站压头 H_C,然后根据下式确定计算压力:

$$P = (H_C + h_S)\rho g \quad (\rho \text{ 为密度})$$

$$P=\rho g\cdot(H_{C}+h_{s}) \tag{2-31}$$

(8) 根据 P 对选定的三种管子进行强度计算，确定管材、管壁厚度和管内径；

计算流速，求雷诺数，确定流态。

(9) 计算任务流量下的水力坡降，判断翻越点，确定管道计算长度；

(10) 计算全线所需压头，确定泵站数并化整；

(11) 根据技术经济指标，计算基建投资及输油管道运行成本费用；

(12) 综合比较净现值、内部收益率等经济指标，考虑管道的发展情况，选取出最优方案；

(13) 按所选方案的管径、泵机组型号及组合、泵站数等，计算管道工作点的流量、泵站扬程等；按工作点的流量计算水力坡降 i；

(14) 在纵断面图上布置泵站；按水力坡降 i 和工作点的压头在纵断面图上布置泵站；

(15) 检查动、静水压力、校核管道强度、进行泵站及管道各种工况校核和调整。

任务 2.8 等温输油管道异常工况及事故处理

不论是正常工况变化还是事故工况变化，都会引起等温输油管道运行参数的变化。这些参数主要包括输油量，各站的进出站压力、泵效率等。严重时，会使某些参数超出运行范围。只有根据工况变化情况，分析工况变化的原因，并采取相应的处理措施，才可能对管线进行行之有效的管埋，才能保证管线安全、稳定、高效运行。

2.8.1 中间站停运工况分析

如图 2-24 所示输油管道，因事故或其他原因造成中间 C 站停运，停运站前各站进出口压力均增加；停运站后各站进出口压力均降低，离停运站越远，这种变化越小，全线流量将会下降。

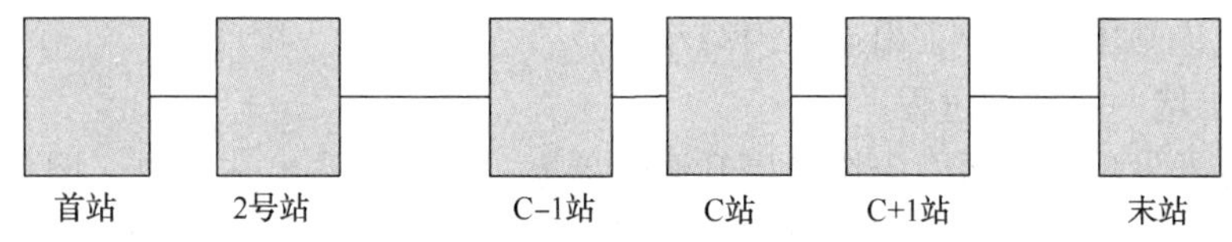

图 2-24 输油管道站停运示意图

2.8.2　干线漏油工况分析

1）流量、压力的变化

可从漏点处将全线分为前后两段，干线漏油后，漏点相当于增加了一条支管，漏油点前面流量变大，漏点后面流量减小。由于漏点前 C 站流量 Q 增大，泵站扬程减小，进站压力又下降，故 C 站出站压力下降。即漏油后，漏点前的第 C 站的进出站压力都下降。同理可得到漏油后，漏点后面各站的进出站压力也下降。即发生干线漏油后，泄漏点上游流量增大，进、出站压力减小；泄漏点下游流量减小，进出站压力减小；离泄漏点越近压力下降越大，如图 2-25 所示。

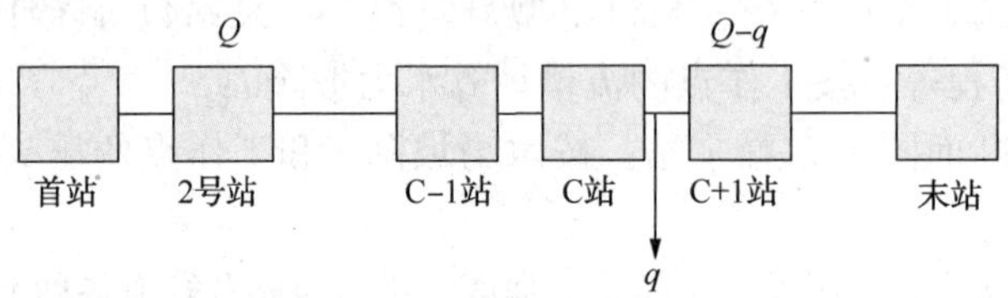

图 2-25　输油管道发生泄漏示意图

2）泄漏处理方法

对上游各泵站立即采取紧急停输措施(优先停运紧邻泄漏点的泵站)，关闭泄漏点上游干线截断阀(或上游站出站阀)，并通知站场人员关断泄漏点上游手动阀。

泄漏点下游的操作应根据事故点地形来操作，若事故点和下游泵站均处于上坡段，或事故点处于下坡段，则应尽量抽低下游泵入口压力后再停泵，并关闭泄漏点下游阀室；若事故地点处于上坡段，而下游泵处于下坡段，则下游泵站应尽量抽低到高点压力为零时再停泵，并关闭泄漏点下游阀室。

2.8.3　清管器站间卡堵

1）卡堵时的现象

当上下游调节阀(减压阀)全开和调速泵转速达到满转速时，清管器卡堵时的现象为：卡堵点上游流量减小，进站压力增大，出站压力增大；卡堵点下游流量减小，进站压力减小，出站压力减小。

2）卡堵一般处理过程

清管器发生卡堵后，应快速提升清管器上、下游泵站出站压力，增大清管器上下游流量。当上下游泵站压力已提到最大限值时，上游和下游流量仍持续降低，应立即全线紧急停输，保证管道安全。值班人员(调度)立即计算清管器位置，并要求站场联系跟球人员，确定清管器位置，同时做好事件记录。

2.8.4 出站泄压阀误动作

1）出站泄压阀误动作的识别

出站泄压阀误动作后主要体现在以下几个方面：一是出站压力突降、进站流量上升；二是出站泄压阀动作，而出站压力并未超过泄压阀设定值；三是泄压罐液位上涨；四是可能出现甩泵。出现以上现象，即可判断为出站泄压阀发生误动作。

2）出站泄压阀误动作处理

第一、站场尽量调低出站压力，必要时可以停泵；

第二、通知现场人员及时关闭泄压阀前的阀门；

第三、若停泵或甩泵，立即降低上游站场的流量，提高下游站场的流量；

第四、泄压阀前的阀门关闭后，恢复管线原先的流量和压力。

2.8.5 干线阀门误关闭

1）工况识别

实践表明，可通过如下几方面进行干线阀门误关闭识别：阀门关断处上游压力急剧上升；阀门关断处上游流量降低；阀门关断处下游压力下降；阀门关断处下游流量降低。

2）干线阀门关断的处理

干线截断阀关闭的保护程序内设定有一定的延迟时间，中控应先操作，恢复原来状态。若无法恢复则执行全线 ESD 程序。对于没有全线 ESD 保护的管道，阀门无法恢复，则立即手动紧急停输，在停输时优先停邻近关断阀室的泵站，在保证压力限制范围内的情况下迅速停上游所有泵，再停输下游泵。

2.8.6 仪表故障

1）仪表故障的识别

实践表明，可通过如下几方面进行仪表故障的识别：仪表长时间显示一个很高的值；仪表长时间显示一个很低值；仪表数据不更新；与无故障的仪表不一致。

2）仪表故障应对方法

怀疑仪表故障后，立即告诉站内人员巡检核实，停止一切操作；如果通过分析及现场核实发现问题，对于某些点流量计、压力表、温度计等不影响管道安全运行情况的，应维持管道运行，并通知维修人员进行维修。

思考题

1. 简述原油管道组成。

2. 简述原油管道输送工艺。

3. 等温输油管道压能损失包括哪几部分?

4. 简述对翻越点的理解。

5. 简述输油泵站串并联特性。

6. 简述系统工作点的求解方法。

7. 简述等温输油管道工况调节方法。

8. 简述等温输油管道设计基本程序。

9. 简述干线漏油时流量、压力变化及处理措施。

10. 某 $\phi325\times7$ 的等温输油管道，管道纵断面数据见下表。全线设有两座泵站，以“从泵到泵”方式工作。

测点	1	2	3	4	5
里程/km	0	26	55	64	76. 4
高程/m	0	83	94	122	64. 2

已知：全线为水力光滑区，油品计算黏度 $\nu=4.2\times10^{-6}\mathrm{m^2/s}$，

首站泵站特性方程：$H=370.5-3055Q^{1.75}$；

中间站泵站特性方程：$H=516.7-4250Q^{1.75}$（Q：$\mathrm{m^3/s}$）；

首站进站压力：$H_{s1}=20$ 米油柱，站内局部阻力忽略不计。

试计算该管线的输量为多少?

11. 某埋地原油管道为等温输送管线，任务输量 25Mt/a，管内径 $D=0.703\mathrm{m}$；年平均地温 $T_0=19℃$（$\mu_{19}=82.2\times10^{-6}\mathrm{m^2/s}$）；油温在 20℃ 时的密度为 $874\mathrm{kg/m^3}$；钢管绝对粗糙度 e 取 0. 1mm；全线长 176km。求全线的沿程摩阻损失 h_1（流态为水力光滑区）。

模块3　加热管道输送

【模块描述】

易凝、高黏油品当其凝点高于管道周围环境温度，或在环境温度下油流黏度很高，不能直接输送，必须采用措施降黏、降凝。加热输送是目前最常用的方法。本模块包括九大任务，通过对九大任务的学习，学生会加深对加热输油管道的认识，掌握基本知识与技能操作。

【知识目标】

- 掌握加热管道输送与等温管道输送的区别；
- 掌握热油管道的温降曲线；
- 掌握热油管道的水力计算；
- 掌握直接加热与间接加热之间的区别；
- 了解输油站平立面布置原则；
- 掌握首站、中间站、末站工艺流程的区别；
- 掌握热油管道投产的方法；
- 掌握停输再启动方法；
- 掌握输油管道水击的特点及其控制方法；
- 了解输油新工艺。

【能力目标】

- 能在实际工程应用中进行热力与水力计算；
- 能根据温降曲线合理确定热油管道进出站压力；
- 能操作加热炉及换热器，以及简单故障排除；
- 能够正确识读首站、中间站、末站工艺流程图；
- 能够按照规程进行热油管道投产及停输再启动；
- 能够根据输油管道水击特点采取相应控制措施；
- 能进行热油管道简单设计。

【素质目标】

- 具有理论联系实际能力；
- 独立计划与实施、问题分析与解决；
- 具有团队协作与安全意识。

任务 3.1　加热管道输送的特点分析

3.1.1　加热输送的目的

我国的原油主要为高黏度和高含蜡原油。对这样的原油直接管输有一定困难，因为高黏度原油在管路中流动时，水力摩阻非常大，而高含蜡原油在外界温度下易凝固甚至根本无法输送，所以常采用加热输送的方法。加热的目的在于提高油的温度来降低其黏度，减少输送时的摩阻损失，并保证油流的温度高于其凝固点，以防止冻结事故发生。

3.1.2　加热输送的特点

在热油沿管路向前输送的过程中，由于油温远高于管路周围的环境温度，油流所携带的热量将不断地往管外散失，因而使油流在前进过程中不断地降温，即引起轴向温降。轴向温降的存在，使油流的黏度在前进过程中不断上升，单位管长的摩阻逐减增大。当油温降低到接近凝固点时，单位管长的摩阻将急剧升高。加热输送的特点可归纳为以下四点：

① 热油管道有两方面的能量损失：一是克服摩阻和高差的压能损失；二是与外界进行热交换所引起的热能损失。摩阻损失与热能损失这两方面的能量损失是互相联系、互相影响的。如果油温高，黏度就低，摩阻损失少，动能消耗就少，而热能消耗大；反之热能消耗少，动能消耗则大。因此，需在管路沿线设置若干个热泵站，以补充管路所损失的压能和热能。

② 热油管道相应的工艺计算包括两个部分：水力计算和热力计算。水力计算要合理地解决压能供给与消耗之间的平衡问题。热力计算在于解决热能供给与散失之间的平衡问题。

③ 加热输送时，管内热油既可在层流流态下输送，又可在紊流流态下输送，同样也可在混合流态下输送。

从热损失的抑止角度来考虑，加热输送应在层流流态下进行，因为在层流时，热油的总传热系数总是小于紊流流态时的总传热系数，也就是说在层流流态时散热少。

从控制摩阻的观点出发，热油在紊流流态下流动比在层流流态下好，因为紊流流态的水力摩阻系数总是小于层流流态时的水力摩阻系数。

对于高黏原油，宜在层流或混合流态下输送，这样不但热能损失少，而且加热对摩阻的下降影响非常显著，因为层流时，摩阻与黏度的关系是正比关系。而在紊流流态时，比如在光滑区，黏度的降低对摩阻减少的影响远不如层流时那样大。对含蜡高的原油，宜在紊流流态下进行，因为流速大，不易在管壁上结蜡。

④ 输送过程中管道沿线油温度变化，油流黏度不同，沿程水力坡降不是常数。一个加热站间、沿油流方向距加热站越远，油温越低，黏度越大，水力坡降越大。

任务3.2 热油管道的热力特性及水力特性分析

3.2.1 热油管道的温降规律

1）温降计算公式

把油加热到一定的温度，在沿管路的流动过程中，由于与外界的热交换，油的温度不断降低，如图3-1所示。曲线表明，在两个加热站之间的管路，沿线温度梯度是不同的，在站的出口处温度高，油流与周围介质的温差大，温降就快。而在下一站进站前的管段上，由于油温低，温降慢的多。因此，过多的提高加热站出口油温，以图提高管路末端的油温，往往收效不大。常常是出口油温提高近10℃后，进站油温却仅升高2~3℃。

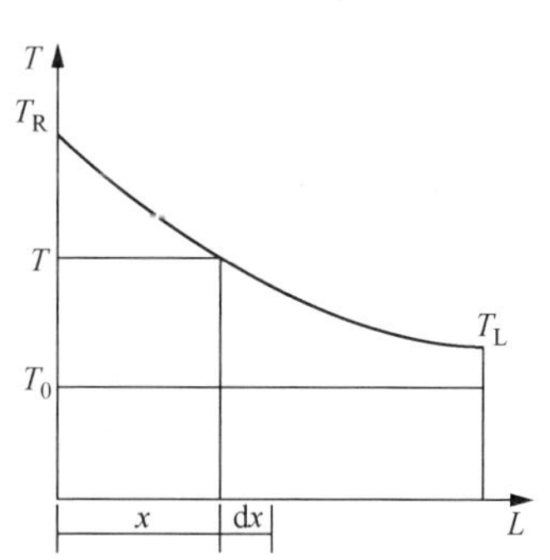

图3-1 热油管的温降曲线示意图

对于dx段，根据热平衡原理可得：

$$K\pi D(T - T_0)\mathrm{d}x = -Gc\mathrm{d}T + gGi\mathrm{d}x \qquad (3-1)$$

上式左端为dx段管道通过管壁散向周围介质的热量；右端第一项为该管段降低dT所放出的热量；第二项为dx管段油流摩擦产生的热能。

对上式进行积分，可得：

$$\frac{T_R - T_0 - b}{T_L - T_0 - b} = \exp(aL) \qquad (3-2)$$

若T_R是定值，那么管道沿线的温度分布表示为：

$$T_L = (T_0 + b) + [T_R - (T_0 + b)]e^{-aL} \tag{3-3}$$

式中　a、b——参数，$a=\dfrac{K\pi D}{GC}$，$b=\dfrac{giG}{K\pi D}$；

T_R——加热站的出站温度，℃；

T_0——管道周围的自然温度，℃；

T_L——距起点 L 处的温度，℃；

K——油流至周围介质的总传热系数，W/(m² · ℃)；

G——原油质量流量，kg/s；

C——原油的比热容，J/(kg · ℃)；

D——管道外径，m；

L——管道加热输送的距离，m；

i——油流水力坡降；

g——重力加速度，m/s²。

如果管线距离不长、管径小、流速低、温降较大或者比较粗略计算温降时，可令 $b=0$，此时公式(3-3)变为著名的苏霍夫公式：

$$T_L = T_0 + (T_R - T_0)e^{-(K\pi DL/GC)} \tag{3-4}$$

苏霍夫公式是在稳定工况下进行热力计算的基本公式。利用该式可作如下的计算：

① 已知进站温度 T_R，求出站温度 T_Z。

$$T_Z = T_0 + (T_R - T_0)e^{-(K\pi DL/GC)} \tag{3-5}$$

② 已知出站温度 T_Z，求进站温度 T_R。

$$T_R = T_0 + (T_Z - T_0)e^{-\frac{kD\pi L}{GC}} \tag{3-6}$$

③ 已知最高出站温度 T_{Rmax} 和最低进站温度 T_{Zmin}，求最小输量 G_{min}。

$$G_{min} = \frac{K\pi DL}{C\ln\dfrac{T_{Rmax} - T_0}{T_{Zmin} - T_0}} \tag{3-7}$$

④ 根据运行参数反算总传热系数 K。

$$K = \frac{GC}{\pi DL}\ln\frac{T_R - T_0}{T_Z - T_0} \tag{3-8}$$

⑤ 确定加热站站间距 L_R。

$$L_R = \frac{GC}{\pi DK}\ln\frac{T_R - T_0}{T_Z - T_0} \tag{3-9}$$

由苏霍夫温降公式不难看出，影响热油输送管道轴向温降的因素主要有 3

个，分别是周围介质温度 T_0，油流至周围介质的总传热系数 K 以及输量 G：

① 周围介质温度 T_0：不同季节，管道埋深处地温不同，T_0 不同，温降情况亦不同。冬季 T_0 低，温降快。

② 油流至周围介质的总传热系数 K：它对温降的影响比较大。K 值增大时，温降将显著加快。因此进行热力计算时，要慎重确定 K 值，如果在两个加热站之间的管路上，K 值有明显的变化，则应分段计算。

③ 输量 G：在大输量下，沿线温度分布要比小输量时平缓得多，如图 3-2、图 3-3 所示。随着输量的减少，终点油温将急剧下降，因此，在热油管的运行管理中，要特别注意防止在输量减少时可能发生凝管事故。

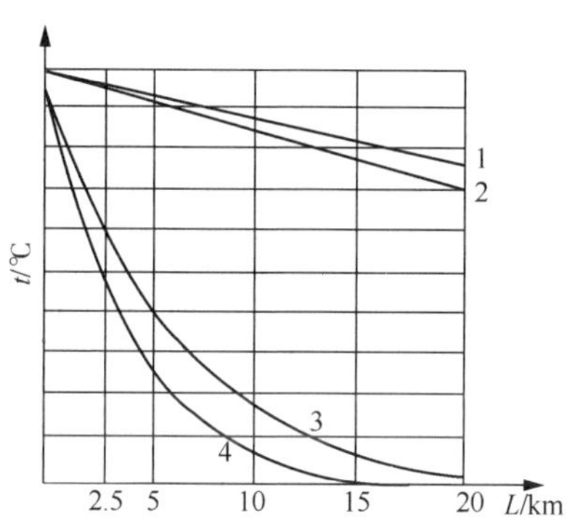

图 3-2 不同输量下的沿线温降示意图

1—流量为 200m³/h；2—流量为 150m³/h；3—流量为 15m³/h；4—流量为 10m³/h

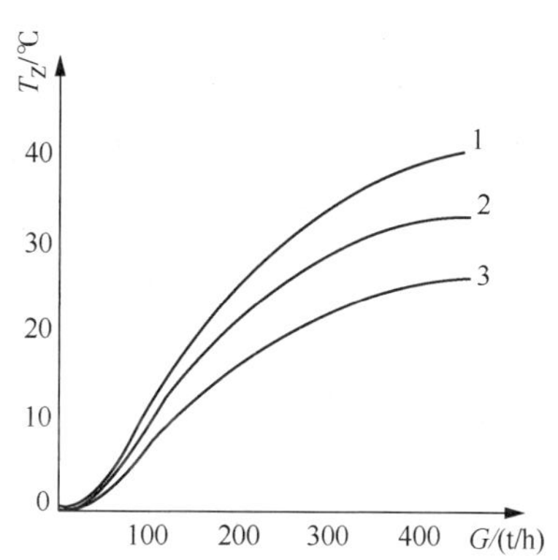

图 3-3 不同输量下的站间终点油温曲线

1—出站温度为 60℃；2—出站温度为 50℃；3—出站温度为 40℃

2）摩擦热($b\neq0$)

对于大型加热输送管道，特别是以高流速设计、运行的管道，两泵站间油流的温降很小(比如在夏季、输量大、K 值又小的情况下)或者是要准确计算管道温降时，油流在管道中由于流动而产生的摩擦热不能忽略。式(3-3)可改写为：

$$T_L = T_0 + (T_R - T_0)e^{-aL} + b(1 - e^{-aL}) \qquad (3-10)$$

式(3-10)中的最后一项 $b=(1-e^{-aL})$ 即为摩擦热引起的温升。

3.2.2 温度参数的确定

1）出站温度(加热温度) T_R

出站温度(加热温度) T_R 可从以下四方面考虑：

① 从热油管的温降规律考虑。由温降公式可知，热油管的温降曲线是一条按指数规律变化的曲线。距加热站出站较近的管段，油温下降较快，随后温降变

得缓慢，所以过多地提高加热站出口油温以提高管道末端的油温，收效不大。

② 从油的黏温特性和其他物理性质来考虑。对于自吸进泵工艺流程，为防止汽蚀影响泵的正常运行，原油的最高加热温度不应超过其初馏点；对重油，考虑其含水多，其最高加热温度不易超过 100℃。

从原油的黏温特性看，对于含蜡原油，当温度增加到一定值后，温度再增加对黏度的降低作用已不太明显，且在光滑区内摩阻只与黏度的 0.25 次方成正比关系，所以提高加热温度对降低摩阻不明显。而对高黏度原油来说，黏温关系曲线比较陡，提高温度对降低黏度的效果显著，且由于黏度高常处于层流流态，摩阻与黏度的一次方成正比，因此对这类油加热温度可更高一些。

③ 从防腐绝缘层的性质考虑。油温过高，防腐层易老化剥落，一般沥青的最高耐温为 70℃。

④ 从经济运行考虑。加热温度越高，油的黏度下降越多，油流摩阻损失也就越小，因此动能费用减少，但热能费用却增加。反之，加热温度低，油的黏度下降小，油流在管路中的摩阻损失大，动能费用增加，热能费用减少。因此存在一个最优的加热温度，只有此温度下，动能费用和热能费用之和最小。

2）进站温度 T_Z

进站温度和上站出站温度是相互制约的，确定进站温度必须要考虑对上站出站温度的限制条件。输油生产中，进站温度一般控制在凝固点以上 3~5℃，即 $T_Z \geqslant T_{凝}+(3\sim5)$℃。

3）埋地管线的地温 T_0

对于架空管线，T_0 即为周围大气温度，对于埋地管线，T_0 为管线埋深处土壤的自然温度。目前国内的热油管埋深大约在 1.2~1.5m（从管顶至地面）。设计时 T_0 取埋深处的最低月平均地温。运行中的管道编制或校核运行方案时，不同季节 T_0 取自当地的气象水文资料。

4）总传热系数的确定

总传热系数 K 系指当油流与周围介质的温差为 1℃时，单位时间内通过每平方米传热表面所传递的热量。它表示油流至周围介质散热的强弱。

对于无保温层的大直径（500mm 以上）管路，可忽略内外径的差值，K 值可近似按下式计算：

$$K=\frac{1}{\dfrac{1}{\alpha_1}+\sum\dfrac{\delta_i}{\lambda_i}+\dfrac{1}{\alpha_2}} \tag{3-11}$$

式中 α_1——油流至管内壁的放热系数，W/(m^2·℃)；

α_2——管最外层至周围介质的放热系数，W/(m² · ℃)；

δ_i——第 i 层的厚度，m；

λ_i——第 i 层(结蜡层、钢管壁、防腐绝缘层等)导热系数，W/(m² · ℃)；

对于有保温层的管路，不能忽略内外径的差异。此时，一般用单位长度的总传热系数 K_L 来代替 K，即 $K_L = K\pi D$。

$$K_L = \frac{1}{\dfrac{1}{\alpha_1 \pi d} + \sum \dfrac{1}{2\pi\lambda_i}\ln\dfrac{D_i}{d_i} + \dfrac{1}{\alpha_2 \pi D_w}} \tag{3-12}$$

式中 d——管内径，m；

D_i——第 i 层的外径，m；

d_i——第 i 层的内径，m；

D_w——最外层的管外径，m；

D——管径，m。若 $\alpha_1 > \alpha_2$，D 取外径；若 $\alpha_1 \approx \alpha_2$，$D$ 取算数平均值；若 $\alpha_1 < \alpha_2$，D 取内径。

油流至管内壁的放热系数 α_1，在紊流情况下比层流时大得多，通常情况下大于 100 W/(m² · ℃)此时 α_1 对总传热系数的影响很小，可以忽略；而在层流情况下就必须计入。

管最外层至周围介质的放热系数 α_2，可以近似由式(3-13)计算：

$$\alpha_2 = \frac{2\lambda_t}{D_w \ln\left[\dfrac{2h_t}{D_w} + \sqrt{\left(\dfrac{2h_t}{D_w}\right)^2 - 1}\right]} \tag{3-13}$$

式中 λ_t——土壤导热系数，W/(m · ℃)；

h_t——管中心埋深，m；

D_w——最外层的管外径，m。

式(3-13)是把埋地管道的稳定传热简化为无限大均匀介质中连续作用的线热源得出热问题，并假设起始为均匀分布的土壤温度，且后来任一时刻土壤的表面温度都为 T_0，土壤至空气的放热系数无穷大。在这些基础上推导出式(3-13)，对于大口径浅埋的热油管道误差较大。

虽然有理论计算的公式，但是在实际生产中很少采用通过计算方法确定总传热系数 K。我国在设计埋地热输管道中都是采用经验方法确定总传热系数。通常都用反算法，即根据实际输送中的管道运行参数推算管道的 K 值。将该 K 值适当放大作为设计新管道的总传热系数。已投产的非保温热输管道在一般土壤条件下，管道公称直径为 700mm 时，其稳定 K 值为 1～1.4W/(m² · ℃)，设计值可取

2.0W/(m^2·℃)；管道公称直径为500mm时，稳定K值为1.28~1.63W/(m^2·℃)，设计值可取2.33W/(m^2·℃)。根据敷设地区土壤及地下水情况，可对所取用K值进行适当调整。

5) 原油比热容C的确定

原油比热容指单位质量原油的温度上升或下降1℃时所吸收或放出的热量。它常用来表示原油吸热或放热的能力。原油比热容的数值随原油温度的升高而增大。可由下式计算：

$$C = \frac{1}{\sqrt{d_4^{15}}}(1.687 + 3.39 \times 10^{-3}T) \tag{3-14}$$

式中 C——原油比热容，kJ/(kg·℃)；

d_4^{15}——原油15℃时的相对密度，即油品在15℃时密度与清水在4℃时的密度之比；

T——原油温度,℃。

原油和石油产品的比热容通常在1.6~2.5kJ/(kg·℃)。近似计算时可取2.1kJ/(kg·℃)。而钢材的比热容为0.5kJ/(kg·℃)，石蜡的比热容为2.9kJ/(kg·℃)

含蜡原油热容随温度变化而变化，在不同的温度段其变化规律有所不同。在油温高于原油析蜡温度时，比热容c随温度T的变化可由式(3-14)来计算；而在析蜡温度以下，比热容C随温度T的变化需要实验测定，并进行曲线拟合而得到。

3.2.3 热油管道的水力特性

1) 热油管道摩阻计算的特点

① 热油管道单位长度上的摩阻(即水力坡降)不是定值。这是因为热油管道的水力工况在很大程度上取决于热油与周围介质的热交换。热油在沿线的流动过程中，由于与外界的热交换，温度不断降低黏度不断增加，单位管长上的摩阻也不断增加，即热油管道的水力坡降不是一条直线，而是一条斜率不断增加的曲线。因此，计算热油管道的摩阻时，必须考虑管路沿线的温降情况及油品的黏温特性。

② 上述摩阻计算式只计入了轴向温降对摩阻的影响，推导中假设同一截面上油温相同，忽略了径向温降。热油管道中的油流由中心向周围散热，在管道的径向，不仅油流与管壁间、管壁与土壤间有温差，而且在中心的油流与外围的油流间也有温差，即有一定的温度场分布。

③ 必须先进行热力计算，然后才能进行水力计算。只有了解了热油管道沿线的温降情况及相应的黏度变化，才能求摩阻。

④ 热油管道的水力计算是以加热站间距作为一个计算单元。因为只有在一个加热站间的距离内，黏度的变化才是连续的。设第 i 个加热站间的摩阻损失为 h_i，全线共有 n 个加热站，则全线总摩阻为：

$$h = \sum_{i=1}^{n} h_{q_i} \tag{3-15}$$

如果各加热站间距相等，进出口温度也相同，则只要算出一个加热站间的摩阻就可以了，全线总摩阻就等于：

$$h = nh_{q_i} \tag{3-16}$$

2）热油管道摩阻计算方法

热油管道的摩阻有理论计算和近似计算两种方法。理论计算法比较复杂且结果与实际不是太符合，下面介绍工程上常用的两种近似计算方法。

① 平均温度计算法　如果在加热站间起终点温度下的油流黏度相差不超过一倍左右，且管路的流态是在紊流光滑区，则可按起终点平均温度下的油流黏度来计算一个加热站间的摩阻。其具体步骤为：

a. 计算加热站间油流的平均温度 T_{pj}，用加权平均法，可取：

$$T_{pj} = \frac{1}{3}T_R + \frac{2}{3}T_Z \tag{3-17}$$

式中　T_R、T_Z——加热站的起点、终点温度，℃。

b. 在实测的黏温曲线上查出温度为 T_{pj} 的油流黏度 ν_{pj}，也可根据黏度与温度的关系式计算得到 ν_{pj}。

c. 计算一个加热站间的摩阻 h_R。

$$h_R = \beta \frac{Q^{2-m}{\nu_{pj}}^m}{d^{5-m}} l_R \tag{3-18}$$

② 分段计算法　如果管道中油流的流态有转变，油流黏度相差较大，则需分段计算加热站间摩阻。分段计算步骤为；

a. 按实测的数据作黏温曲线。

b. 按苏霍夫公式作出加热站的温降曲线。

c. 根据相应临界雷诺数 Re_c 下的黏度 ν_c 判断管道沿线流态的变化：

$$\nu_c = \frac{4Q}{\pi D\, Re_c} \tag{3-19}$$

根据算得的 ν_c 在黏温曲线上查找相应的温度 T_c，即流态发生变化时的临界温度。如果沿线温度都高于 T_c，则无流态变化；如果 $T_Z<T_c<T_R$，则有流态变化。

在管路上相应于油温为 T_c 的位置以左是紊流段，以右是层流段。

d. 将加热站间分成若干小段。分段时应使每小段的温降不超过 3~5℃。

e. 计算每一小段的平均温度：

$$T_{pji}=\frac{T_i+T_{i+1}}{2} \tag{3-20}$$

式中 T_i、T_{i+1}——每一小段的起点、终点温度，℃。

f. 找出相应于油温为 T_{pji} 的黏度 ν_{pji}。

g. 按每一小段的平均黏度，计算各小段的摩阻 h_i：

$$h_i=\beta\frac{Q^{2-m}\nu_{pji}^{\ m}}{d^{5-m}}l_i \tag{3-21}$$

h. 计算一个加热站间的摩阻：

$$h_R=\Sigma h_i \tag{3-22}$$

以上介绍的两种方法中，第一种方法比较简单，但误差大，可用于快速估算；第二种方法较准确，在热油管道的设计实践中用得较多，但计算工作量大，一般编制计算程序由计算机完成。

③ 径向温降影响　管道内油流的径向温差，会引起油流在径向的对流运动。因而，在雷诺数略小于 2000 的情况下，热油管道内的流态也不是层流运动，自然对流搅乱了层流。只有在自然对流很弱的情况下，才能恢复层流。因此某些国外文献建议，在进行热油管道的传热计算时，层流与紊流的划分仍以雷诺数大于或小于 2000 为界；而在进行水力计算时，只有当雷诺数小于 1000，对流的影响很弱时，流态才按层流考虑，以使计算所得的摩阻偏于安全。

由于径向温降引起的扰动及管壁附近油流黏度的增大，会引起附加的压头损失。在层流时的影响比紊流时要大得多。径向温降引起的压头损失，可用径向温降摩阻修正系数 Δr 来表示，即

$$h'_R=h_R\cdot\Delta r \tag{3-23}$$

式中 h'_R——考虑径向温降时的摩阻损失，m；

h_R——没有考虑径向温降时的摩阻损失，m；

Δr——径向温降摩阻修正系数，$\Delta r=\varepsilon\left(\nu_{bi}/\nu_y\right)^{\omega}$；

ε——系数，层流为 0.9，紊流为 1.0；

ν_{bi}——管壁平均温度下的油品运动黏度，m^2/s；

ν_y——油流平均温度下的油品运动黏度，m^2/s；

ω——指数，层流为 1/4~1/3，紊流为 1/7~1/3。

在紊流时，径向温降对摩阻损失的影响很小 $\Delta r=1$。对某些流态为层流的重

油管道，Δr 值约在 1.1~1.4。

3.2.4 加热站、泵站的确定和布置

1）确定加热站数及其热负荷

确定了加热站的出、进口温度，即加热站的起、终点温度 T_R 和 T_Z 后，可按冬季月平均最低温度及全线的 K 值估算加热站间距 L_R：

$$L_R = \frac{GC}{\pi DK}\ln\frac{t_R - t_0}{t_Z - t_0} \tag{3-24}$$

设热油管道全长为 L，则加热站数 n，可由下式计算：

$$n = L/L_R \tag{3-25}$$

在进行 n 的具体计算时，需要进行化整，必要时可适当调整温度。

在以上基础上可求出每个加热站的热负荷：

$$Q = \frac{GC\Delta T}{\eta} \tag{3-26}$$

式中 ΔT——加热站进出站原油温度之差,℃；

η——加热炉的效率,%；

C——原油的比热容，J/(kg·℃)；

G——原油质量流量，kg/s；

Q——加热站的热负荷，J/s。

加热站的燃料油耗量为：

$$g = \frac{3600Q}{E\eta_R}$$

式中 g——加热用燃料油耗量，kg/h；

η_R——加热系统效率；

E——燃料油热值，kJ/kg。

2）确定泵站数、布站

首先由热力计算初步确定加热站数，随后进行加热站间水力计算。计算加热站间管道摩阻及全线所需压头，根据每个泵站所提供的压头，确定全线所需泵站数。若按平均油温法计算摩阻，水力坡降视为定值，则布置泵站的方法与等温管道相同。对沿线高差起伏大的管道，同样要判断翻越点，确定管道的计算长度，据此计算所需压头，再确定泵站数。

若加热输送管道沿线油流黏度变化大，需按分段计算法或理论公式计算摩阻，加热输送管道站间水力坡降线是曲线，其泵站布置不同于水力坡降线为直线的等温管道，其特点是：

① 加热站间管道的水力坡降线是一条斜率不断增大的曲线。可根据各段油温对应的摩阻值在纵断面图上按比例画出，连成曲线。

② 在加热站处，由于进、出站油温突变，水力坡降线的斜率也会突变，而在加热站之间，水力坡降线斜率逐渐变化，如图 3-4 所示。

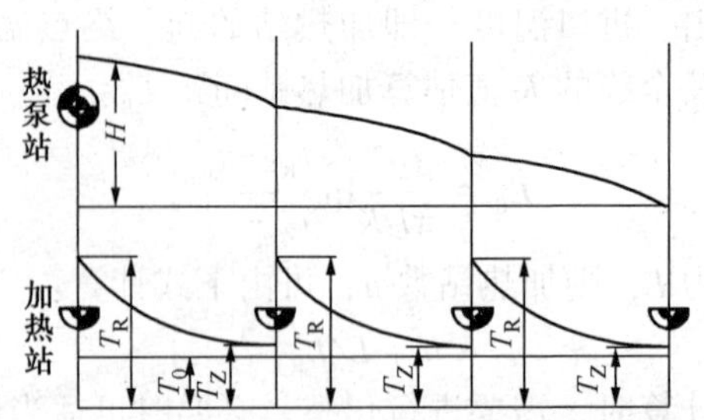

图 3-4　热油管道的泵站及加热站布置示意图

初步布站后，应调整加热站、泵站位置，尽可能合并设置，以节省投资和方便管理。若管道初期的输量较低时，所需加热站数多，泵站数少。待后期任务输量增大时，所需加热站数减少，泵站数增多。设计时应考虑到不同时期不同输量的特点，按低输量作热力计算、布置加热站，待输量增大后改为热泵站。

并非所有情况下泵站、加热站均能合并。在地形起伏大的山区，上坡段泵站间距可能小于加热站间距，需设单独泵站；在下坡段，泵站间距可能大于加热站间距，需设单独的加热站。

在纵断面图上初定站址后，经过现场勘察，最后确定站址。站址确定后，可进行热力、水力核算，计算不同季节的进出站油温、进出站压力、允许的最小输量、加热站热负荷等。

3）站址调整

泵站的初步位置确定后，要结合站址的地质、加热站的布置等情况，对站址作必要的调整，在满足建站地质条件下，尽量将泵站与加热站合并建成热泵站。

一般情况下，地形比较平坦，温降规律较为一致，输量同期达到任务输量的加热输油管道，加热站与泵站易于合并建设。

在地形起伏较大的地区，管道的上坡段的泵站间距较小，加热站间距不受地形影响，可能需要单独设泵站；而在下坡段，泵站间距较大，可能需要单独设加热站。

对于输量不能同期达到任务输量的管道，在投产初期，管道输量较低，需要的加热站数多，泵站数少；输量增加至任务输量时，每座加热站的热负荷增加，需要的加热站数减少，泵站数增多。对于这种情况，通常是先按低输量所需的加热站数布置加热站，待管道达到任务输量后，将部分加热站改建为热泵站。

任务 3.3 直接加热与间接加热系统及其故障排除

加热输送是目前输送高黏易凝油品普遍使用的方式。按油流是否通过加热炉管，分为直接加热炉与间接加热炉两种方式。前者在加热炉中直接加热油流，后者是使热媒通过加热炉提高温度后，进入换热器中加热原油。

3.3.1 直接加热炉

加热炉直接加热油品，设备简单投资省，应用很普遍。但油品在炉管内直接加热，存在结焦的可能。一旦断流或偏流，容易因炉管过热使原油结焦甚至烧穿炉管而造成事故。我国输油管道使用直接加热炉主要有两种——圆筒型及卧式圆筒型。

（1）圆筒型加热炉。圆筒型加热炉的下部是圆筒形辐射室，上部为长方形对流室，烟囱设在对流室顶部。这种加热炉构造简单，占地面积小，热效率高(近90%)，建造、维护及操作方便，是炼油厂最常用的炉型，近年来已在输油管道上应用。

（2）卧式圆筒型加热炉。这种炉型吸取了炼油厂加热炉及引进的热媒炉的优点。辐射室为卧式圆筒型，对流室为直立方型，底盘为撬座结构，其间用短节加紧固件连接(如图 3-5 所示)。全炉可拆卸为辐射室、对流室、烟囱和辅件四大部分。这种炉型便于工厂预制、现场组装。

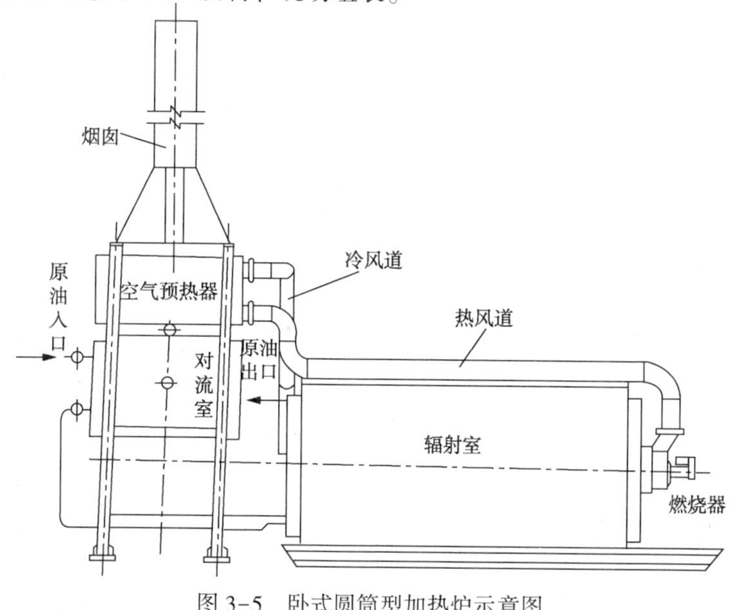

图 3-5 卧式圆筒型加热炉示意图

我国设计的这两种直接加热炉，热效率可达90%，并配置了检测仪表，自动报警装置(熄火报警、自动停炉、原油出炉温度过高和炉管温度过高报警)，原油出炉温度自动调节、燃油与空气比例自动调节。

3.3.2 间接加热炉

间接加热炉由热媒加热炉、换热器、热媒储罐、热媒泵、检测及控制仪表组成，其原理流程如图3-6所示。

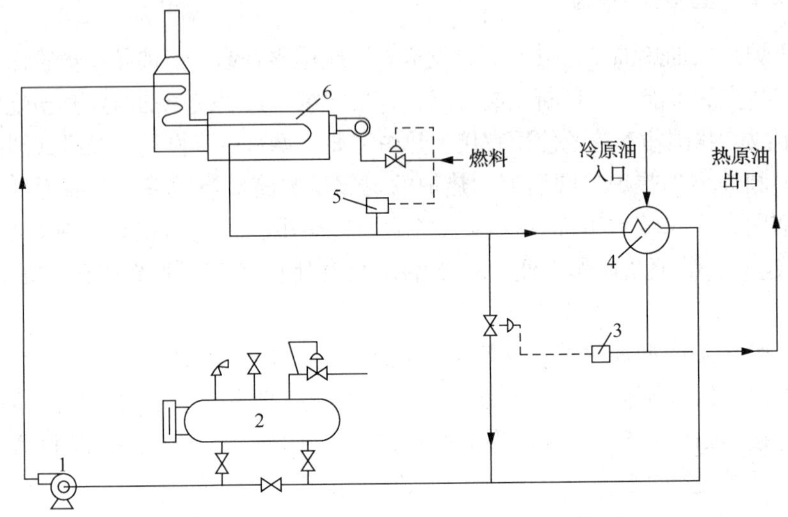

图3-6 间接加热系统示意图

1—热媒泵；2—热媒储罐；3—温度控制器；4—换热器；5—温度控制器；6—热媒炉

热媒是一种化学性质较稳定的液体，在很宽的温度范围内不冻结，高温时蒸气压较低，也不存在结焦的可能。它对金属没有腐蚀性，黏度较小，低温时也可以泵送。例如，美国某公司生产的一种热媒为黄色液体，倾点为-68.7℃，23.4℃时的相对密度为0.9884，闪点为154℃，燃点为160℃，平均分子量为250，有较高的比热容及导热系数，但高温时与空气接触会氧化、变质而影响使用。

热媒温度每升高100℃，体积膨胀约7%，为了防止热媒膨胀引起的超压，避免热媒与空气接触，设有热媒膨胀罐。罐上部充以氮气，使循环系统与空气隔绝。

热媒加热炉的原理、结构与直接加热的加热炉相似，只是炉管内加热的是热媒而不是原油。由于热媒在炉内的温度可高达150℃以上，故热媒的用量少，加热炉体积小。热媒无腐蚀性，进炉温度高(约120℃以上)，可以防止低温腐蚀。采用了炉膛微正压燃烧及烟气热量回收等技术，使热媒炉效率较高，可达92%

左右。

热媒在炉中加热至 260~315℃，进入管壳式换热器中加热原油。热媒走管程，原油走壳程。原油的压降不大于 0.05MPa。

加热系统有两套温度控制系统，分别控制热媒与原油加热温度，能够适应流量的大幅度变化。若换热器的原油流量逐渐减少，原油温度升高，温度控制系统就自动开大热媒的旁通阀，减少换热器中热媒的循环量。相反，若原油温度降低，则增加热媒在换热器中的循环量。如果旁通阀全部打开或全部关闭都不能适应原油流量变化而引起的油温变化，则另一套温度控制系统就会自动的改变加热炉燃料阀门的开度，以改变热媒的温度，直到油温达到控制温度为止。

3.3.3 两种加热方式的比较

间接加热方式具有以下优点：①原油不通过加热炉炉管，没有因偏流等导致结焦的危险，操作安全；②热媒对金属无腐蚀作用，它的蒸汽压低，加热炉可在低压下运行，故炉子寿命长；③间接加热可用于加热多种油品，能适应流量的大幅度变化，甚至能适应间歇传输；④热媒炉的热效率高，原油通过换热器的降压小。间接加热方式主要缺点是：系统复杂、占地面积大、造价高、耗电量大、操作维修费用高。

直接加热方式的缺点正好与间接加热相反：它不如间接加热安全，适应流量变化的灵活性差，有炉管过热原油结焦的危险。我国设计的圆筒型及卧式圆筒加热炉采用了多项提高效率的技术及自动控制装置，如采用新型硅酸铝耐火纤维毡，配置了检测及自控仪表，加热炉效率已达 90%。间接加热系统中，热媒泵要消耗额外的动力，原油与热媒在换热器中二次换热将降低系统的效率。若直接加热的炉效达到较先进水平，其综合效率将可能高于间接加热。今后，在加热炉的自控、运行检测，超限报警、自动点火及停炉等系统进一步完善的条件下，直接加热的安全、灵活性将更为切实可行。

3.3.4 换热器结构及特点

1）换热器类型

①浮头式换热器　如图 3-7 所示，它是由管箱、壳体、管束、浮头盖、外头盖等零部件组成。最大的特点是管束可以抽出来，管子受热时，管束连同浮头可以沿轴向自由伸缩，消除了温差应力。其优点是：

a. 管束可以抽出清洗管、壳程；

b. 介质间温差不受限制；

c. 可在高温、高压下工作，一般温度<450℃，压力<6.4MPa；

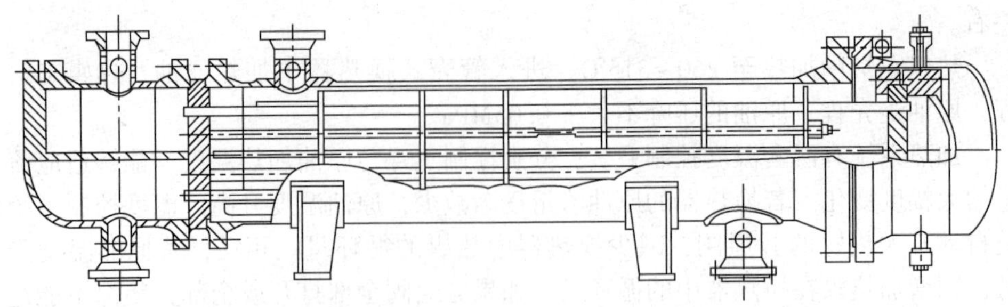

图 3-7　浮头式换热器示意图

d. 可用于结垢比较严重的场合；

e. 可用于管程易腐蚀场合。

缺点：

a. 小浮头易发生内漏；

b. 金属材料耗量大，相比固定管板式成本高出 20%；

c. 结构复杂。

② 固定管板式换热器　如图 3-8 所示，它是由管箱、壳体、管板、管子等零部件组成，其结构较紧凑，排管较多，在相同直径情况下面积较大，制造较简单，但最后一道壳体与管板的焊缝无法无损检测。其优点是：

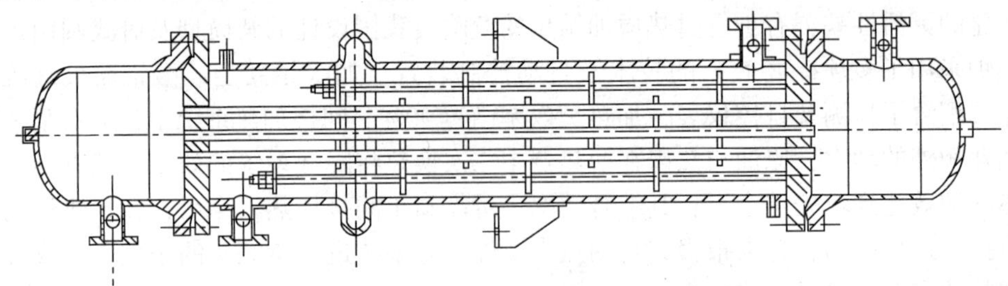

图 3-8　固定管板式换热器示意图

a. 传热面积比浮头式换热器大 20%~30%；

b. 旁路漏流较小；

c. 锻件使用较少，相比浮头式成本低 20%以上；

d. 没有内漏。

缺点：

a. 壳体和管子壁温差需小于 50℃，如果大于 50℃必须在壳体上设置膨胀节；

b. 管板与管头之间易产生温差应力而损坏；

c. 壳程无法机械清洗；

d. 管子腐蚀后易造成壳体报废，壳体部件寿命决定于管子寿命，相对较低；

e. 壳程不适用于易结垢场合。

③ U 型管换热器 如图 3-9 所示，它是由管箱、壳体、管束等零部件组成，只需一块管板，重量较轻。同样直径情况下，面积最大，结构较简单、紧凑，在高温、高压下金属耗量最小。目前加氢换热器基本上全部采用 U 型管换热器，其优点是：

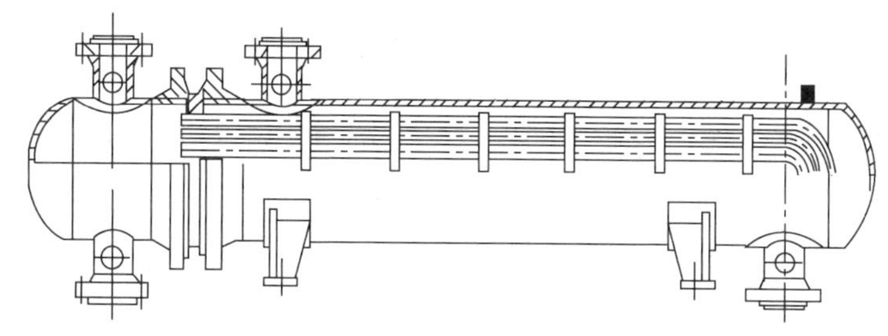

图 3-9 U 型管换热器示意图

a. 管束可抽出来机械清洗；

b. 壳体与管壁不受温差限制；

c. 可在高温、高压下工作，一般温度≤500℃，压力≤10MPa；

d. 可用于壳程结垢比较严重的场合；

e. 可用于管程易腐蚀场合。

缺点：

a 在 U 型处易冲蚀，应控制管内流速；

b. 单管程换热器不适用；

c. 不适用于内导流筒，故死区较大。

2）换热器故障排除

常见换热器故障分两种：一是内部结垢、堵塞；二是泄漏。

① 内部结垢、堵塞的判断及其处理方法 判断换热器内部结垢、堵塞情况：

a. 当两种介质中任何一种介质的进/出口温度与正常运行时的进/出口温度变化很大时，如变化值大于 30℃，则可判断换热管内或管外严重结垢甚至堵塞。

b. 在额定流量下，当两种介质的进/出口的压力与正常运行时的进/出口压力变化很大，超过额定压差规定值的 1.5 倍时，则可判断换热管内或管外严重结垢甚至堵塞。

处理方法：清除换热器堵塞最常用方法是加热除油垢法、压缩空气或蒸汽吹扫法、化学除垢法和机械除垢法。

② 换热器内泄漏的判断及其处理方法 用水作低温介质：当低温水压力小

于高温介质压力时，在低温水出口管道上安装一细接管，定期从此接管取低温水样，检查该低温水中有无高温介质混入。高温介质为气体时：低温水出口管道上安装一集气装置，以便取样分析。

不用水作低温介质时：在低压介质出口处定期取样分析，进行色谱、成分、黏度、相对密度等项检查，以判断有无泄漏。

处理方法：一般要对换热器进行解体检查，包括壳体两端与封头或管箱的法兰连接处，查出泄漏点进行相应处理。

任务3.4 输油站工艺流程识读与绘制

3.4.1 输油站的平立面布置

1）站场选址

输油站场选址须根据有效的设计委托书或合同，按照国家对工程建设的有关规定，并结合当地城乡建设规划进行。输油站选址应贯彻节约用地的基本国策，合理利用土地，不占或少占良田、耕地，努力扩大土地利用率。站场的地理位置应满足工程线路走向的需要，满足工艺设计要求，符合国家现行的安全防火、环境保护、工业卫生等法律的规定，应满足与居民点、工矿企业、铁路、公路车站等的安全距离要求，选择最合适的站址。站场应选定在地势平坦开阔，避开人工填土和地震断裂带，具有良好的地形、地貌、工程和水文地质条件，并且选择交通便捷，供电、供水、排水及职工生活、社会依托均较方便的地方。

输油站场选址应避开下列场所：

① 避开低洼易积水和江河的干涸滞洪区以及有内涝威胁的地段；

② 在山区，应避开山洪、泥石流对站场造成威胁的地段，应避开窝风的地段；

③ 在山地、丘陵地区采用开山填沟营造人工场地时，应避开山洪流经的沟谷，防止回填土石方塌方、流失，确保站场地基的稳定；

④ 应避开洪水、潮水或浪涌威胁的地段。

2）分区和基本组成

输油站包括生产区和管理区两部分，生产区内又分主要作业区和辅助作业区。

输油站主要作业区包括：

① 输油泵房。它是全站的核心，设有若干泵与原动机组及其辅助装置。过去泵机均安装在室内。目前先进的泵机组具有全天候防护能力，能适应气温变化及风雨、砂尘的条件，可以露天布置。

② 阀组间。由管汇和阀门组成，是改换输油流程的中枢。随着阀门质量的改善，已由室内逐渐改为露天安装。

③ 清管器收发装置。由清管器发放、接收筒及相应的控制系统组成。

④ 油品计量及标定装置。一般设于首站、分输站和末站。

⑤ 油罐区。首、末站的油罐多、容量大。中间站只设一座小容量油罐，用于缓冲或事故泄放时使用。

⑥ 加热系统。包括加热油品的直接加热系统或间接加热系统。

⑦ 站控室。它是输油站的监控中心，是站控系统与中心控制室的联系枢纽。自控系统的远程终端、可编程控制器等主要控制设置都设在这里。

⑧ 油品处理设施。设于首、末站，包括原油热处理、加添加剂、末站的混油接收及处理等设施。

辅助作业区包括：

① 供电系统。主要有变电所、配电间等。有的站有自备发电设施。

② 通信系统。为输油管道的自控系统、生产调度、日常运行管理和巡线抢修等提供通信的设备等。

③ 供热系统。包括锅炉房、燃料油系统、热力管网等。

④ 供、排水系统。包括水源井、水泵、污水处理装置、给排水管网等。

⑤ 消防系统。包括消防泵房、消防设施等。

⑥ 机修间、油品化验室、阴极保护间、车库等。

⑦ 办公室。

上述设施可单独安装，也可几项合并于一个建筑物内。根据需要还可将某些项目(如供电、供热系统)和主要作业区的设施放在一起。根据保障安全、便于管理、节省建筑面积、少占地的原则，可以适当合并。

辅助作业系统的任务是为了保证主要作业系统，特别是泵-原动机组的正常运行，故必须以泵房为核心组成有机整体，分布全站，通过相应的管道和电缆、电线相互连接。工艺流程和平面布置原则应该体现出这种有机的联系。

3）输油站的平立面布置

输油站的平立面是从站址的具体地形、地质及气候条件出发，根据生产安全的要求，统筹安排全站的建(构)筑物。总图布置中要遵照有关规定，在保证生产和安全的前提下减少占地、减少土石方工程量，节约投资。主要遵循以下原则：

① 充分体现工艺流程和生产要求，并尽量减少“逆流”和管道互相交叉。

② 充分利用地形，便于自流，并为各设施间的生产运转和联系创造有条件，使各种管道和线路走向合理，土方工程量小。例如油罐放在高于泵房的地方，污油收集管、隔油池则放在全站位置最低的地方。

③ 在遵照有关规定确保一定防火间距的前提下，布置力求紧凑，但又要给生产和事故处理留有场地。首、末站油罐区是站内占地面积较大、工程量较大的部分，且对全站安全关系最大，必须严格按照有关防火规范进行设计。

④ 站内各系统的布置应全面考虑，配合协调，便于操作、维修、巡回检查及事故处理。例如，生产区和管理区应分开布置，管理区应设在年最小频率风向的下风侧，站内道路要保证消防车通行无阻等。

地形复杂或场地较大的输油站，还要作立面(竖向)布置，以解决场地平整、土方挖填和排水等问题。竖向布置时要慎重选择主要设施及建筑物标高、场地及道路的坡向和坡度。

总平面布置在不同设计阶段要求的详细程度不同。初步设计阶段只做较简单的平面布置，供审定设计方案及征购土地用。图 3-10 为初步设计阶段中间站总平面布置图。施工图设计阶段要有平面及立面布置的详细设计，包括站内管沟、管墩、管架基础的位置等。

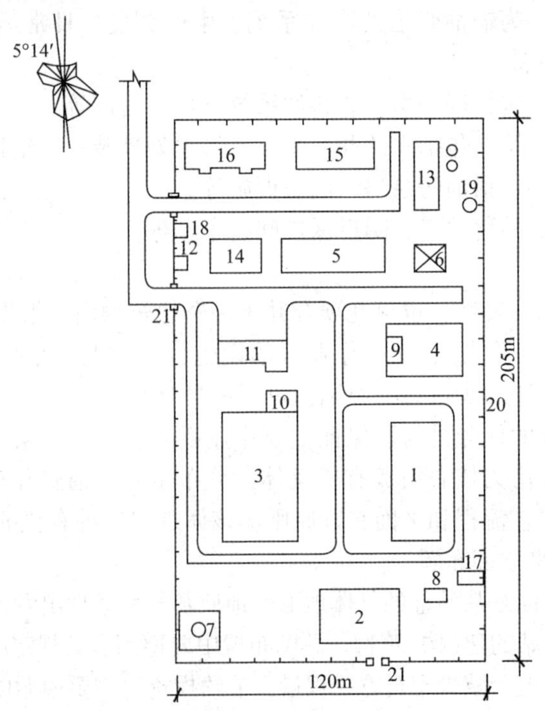

图 3-10　中间站平面布置图

1—泵区；2—阀组区；3—加热炉区；4—户外开关场；5—控制及微波通信楼；6—微波塔；7—2000m² 储罐；8—阴极保护间；9—6kV 配电间；10—低压配电间；11—车库及维修间；12—门卫；13—锅炉房；14—单身宿舍及办公室；15—食堂；16—住宅；17，18—深井泵房；19—污水泵房；20—围墙；21—大门

3.4.2 输油站的工艺流程

输油站的工艺流程是油品在站内的流动过程，是由站内管道管件阀门所组成的，并与其他输油设备(包括泵机组、加热炉和油罐)相连的输油管道系统。该系统决定了油品在站内可能流动的方向、输油站的性质和所能承担的任务。将工艺流程绘制成图即为工艺流程图，它是工艺设计的依据。工艺流程图不按比例，不受总平面布置的约束，以表达清楚、易懂为主。流程图上应注明管道及设备编号，附有流程的操作说明、管道说明(管径、输送介质)、设备及主要阀门规格表。

可行性研究及初步设计阶段，需绘制输油系统的原理流程图，反映输油系统操作、主要设备、阀件及管路间的联系。设计施工阶段，需绘制工艺安装流程图，用以指导施工图设计及输油管道施工、投产及运行管理。它应反映站内整个工艺系统，包括输油及辅助系统在内，与输油管道并行敷设的蒸汽、热水、空气、燃料油、化学药品等管道及相连的设备都应表示在图上。工艺安装流程图上主要设施的方位、主要管线的走向与总平面布置大体一致。

1）确定工艺流程的原则

制定和规划工艺流程要考虑以下原则：

① 满足输送工艺及各生产环节(试运投产、正常输油、停输再启动等)的要求。输油站的主要操作包括：来油与计量；正输；反输；越站输运，包括全越站、压力越站、热力越站；收发清管器；站内循环或倒罐；停输再启动。

以上操作并不是每条输油管或每个输油站都需要，应根据具体情况选择。例如：反输是为了投产前预热管道用，或末站储罐已满、或首站油源不足，被迫交替正、反输以维持热油管道最低输量用；站内循环主要用于投产前输油泵机组试运转及加热炉烘炉。若中间站不取出清管器，可不设清管器收发流程，改为清管器通过流程。

② 便于事故处理和维修。泵站的突然停电、管道穿孔或破裂、加热炉紧急放空和定期检修、阀门的更换等在输油生产中并非罕见，流程的安排要方便这类事故的处理。例如，考虑到事故处理的放空、扫线、凝油顶挤等操作，设置必要的截断阀、放空阀、扫线阀及顶挤泵等。

③ 采用先进工艺技术及设备，提高输油技术水平。

④ 在满足以上要求的前提下，流程应尽量简单，尽可能少用阀门、管件，力求减少管道及其长度，充分发挥设备性能，节约投资，减少经营费用。

2）输油站工艺流程

① 首站工艺流程　首站的操作包括接收来油、计量、站内循环或倒罐、正输、向来油处反输加热、收发清管器等操作，流程较复杂。图3-11为首站工艺流程图。

② 中间站工艺流程　随输油方式(密闭输送、旁接油罐)、输油泵组合方式(串、并联)、加热方式(直接、间接加热)等不同而不同。

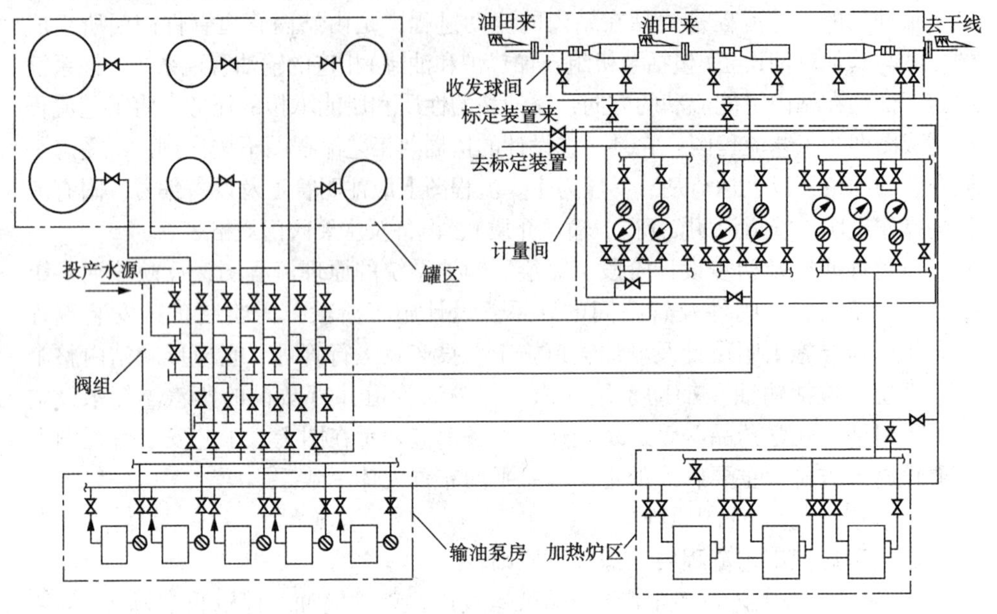

图 3-11　首站工艺流程图

a. 密闭输送的中间站流程　图 3-12 是典型的密闭输送中间站工艺流程，采用串联泵，间接加热，主要操作有正输、反输、越站输送、清管器收发、原油在进泵之前加热的“先炉后泵”流程。此流程的加热系统在低压下工作，原油加热后黏度降低使输油泵效率提高。中间站无旁接油罐，加热炉的燃料油罐兼作泄放用罐，节约了投资，原油蒸发损耗降低。

b. 旁接油罐的中间站流程　图 3-13 为旁接油罐中间站流程，采用并联泵、直接加热，主要操作有正输、反输、越站输送、站内循环及清管器通过。与上述流程相比，主要不同之处是其设有旁接油罐，原油在泵后加热的“先泵后炉”流程。这是因为一方面旁接油罐采用泵前加热流程时油罐液位提供的压头一般不足以供应加热炉的摩阻，输油泵往往不能正常工作；另一方面，进加热炉的原油流量受上站工况影响，本站操作及控制不便，故采用泵后加热。但泵后加热使进泵油流黏度高，泵效降低，加热设备承受高压，增大了设备投资而且不安全。旁接油罐流程若设炉前泵给加热炉供油，加热后的原油再进入输油泵，就可以解决这个问题。大口径输油管道上，为了减少油流在加热炉炉管内的阻力损失，采用只让部分原油进入炉管，再将热油与未加热的原油掺合后输送的“冷热油掺合”流程。为了避免掺合时“冷油”节流的损失，炉前泵仅给进炉原油补偿炉管内的阻力损失。

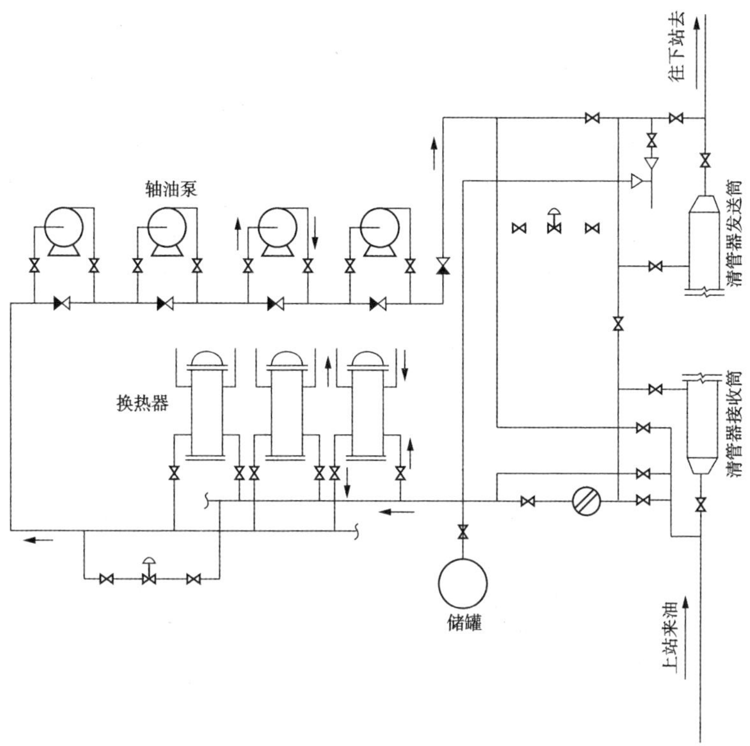

图 3-12 中间热泵站密闭输送工艺流程图

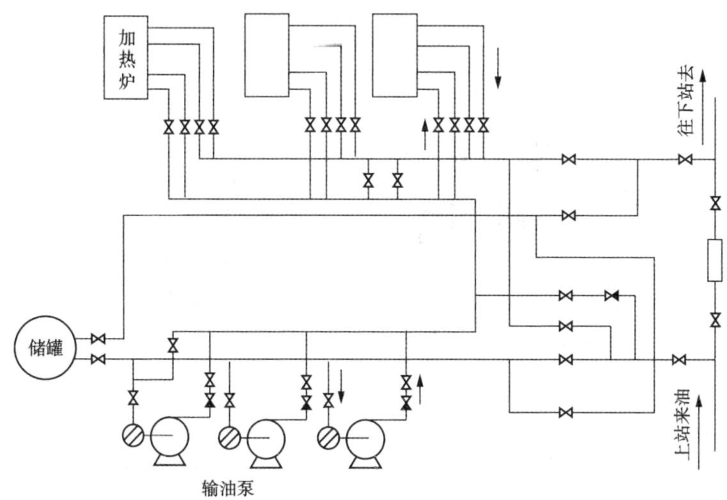

图 3-13 旁接油罐中间站流程图

3）末站流程

末站往往是炼油厂油库，或转运油库，或是两者功能兼有。若是水陆转运油库流程就比较复杂。若仅仅是炼油厂油库，流程就比较简单。末站有其自身的特点：一是收油和发油都要计量；二是作为管线的终点要有储油能力，因此要建足够容量的储油罐。

末站流程包括接受来油、进罐储存、计量后装车(船)、向用油单位分输、站内循环、接收清管器、反输等操作。如果是顺序输送管道的末站，还有分类进罐、切割混油、混油处理等操作，故流程较中间站复杂。图 3-14 为某输油末站流程图。图 3-15 是格尔木末站流程图。

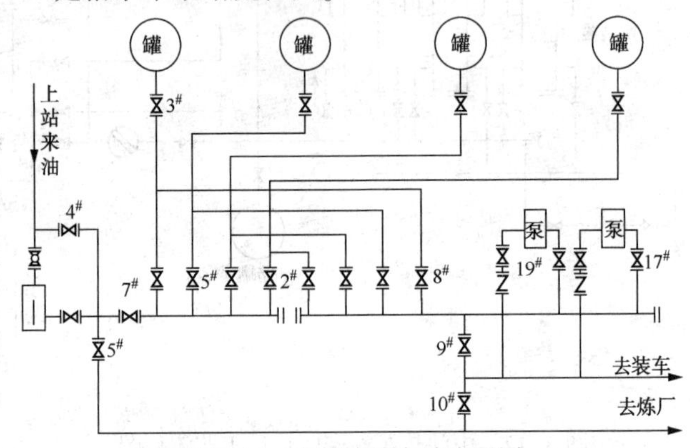

图 3-14　为某输油末站流程图

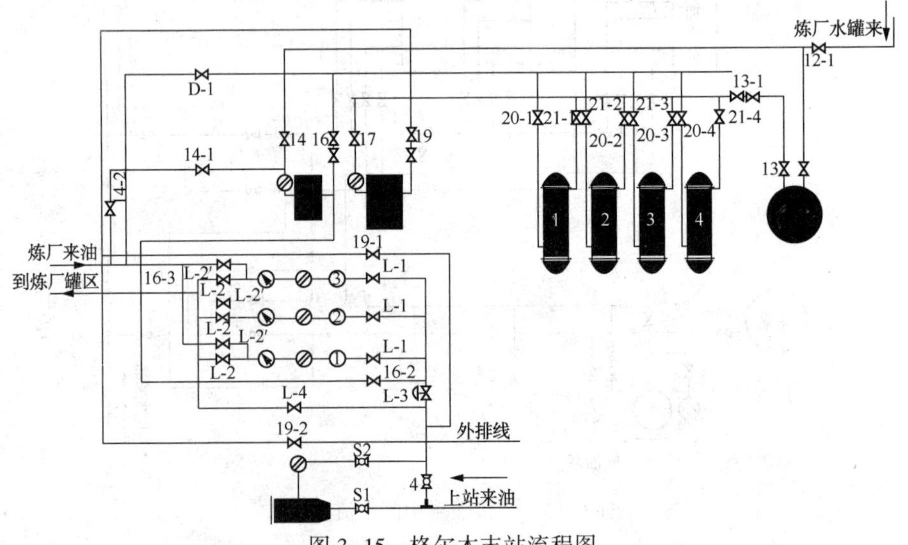

图 3-15　格尔木末站流程图

4）输油站单体工艺流程

输油站内的各种设备根据所承担的任务均有相对独立的单体流程，而这些单体流程又根据输油站的总体输油要求，均有相互的联系，各种单体流程的集合构成输油站的总体流程，如图 3-16 所示。

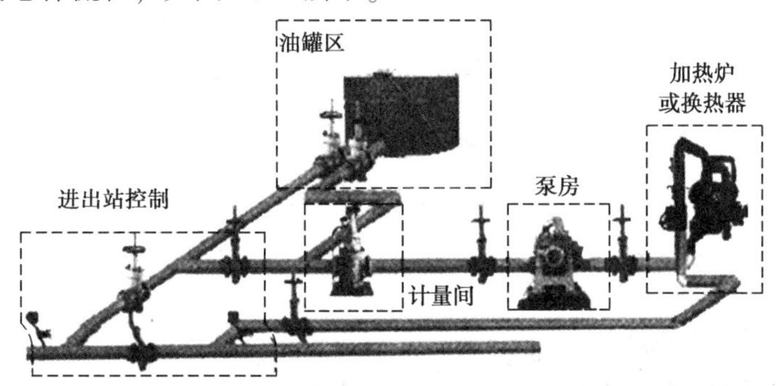

图 3-16 输油站流程概况图

输油站的单体流程包括计量间流程、油罐区流程、输油泵工艺流程、原油加热工艺流程等。

输油站通常由以下几个主要的单体流程构成。

① 计量间流程，如图 3-17、图 3-18 所示。

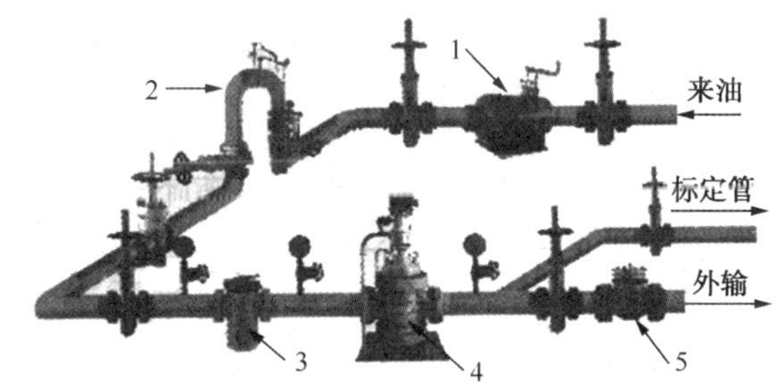

图 3-17 计量间流程示例

1—消气器；2—含水分析仪；3—过滤器；4—流量计；5—止回阀

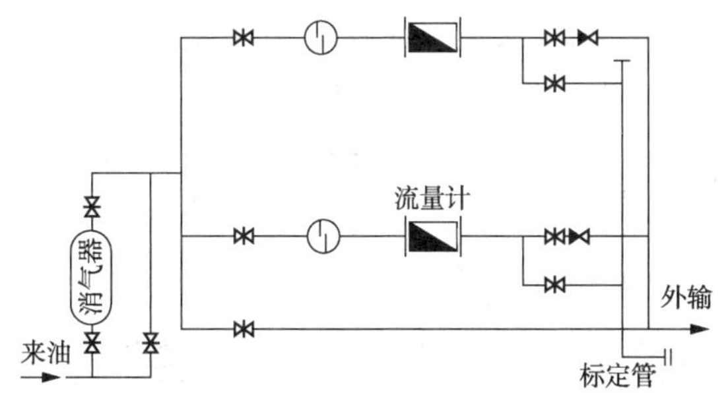

图 3-18 计量间流程示意图

② 油罐区工艺流程，如图 3-19 所示。

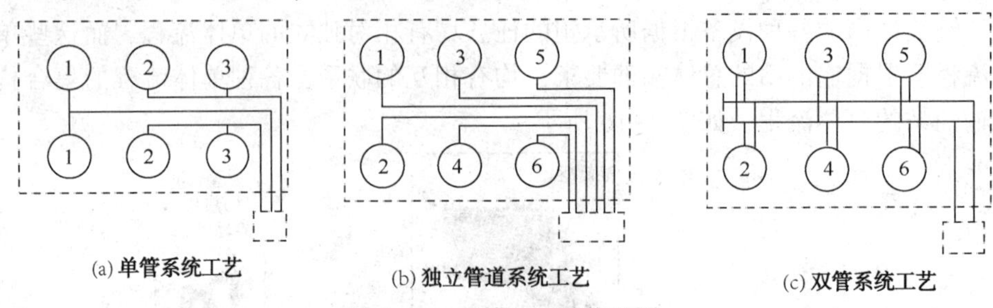

(a) 单管系统工艺　(b) 独立管道系统工艺　(c) 双管系统工艺

图 3-19　油罐区工艺流程图

③ 输油泵工艺流程，如图 3-20 所示。

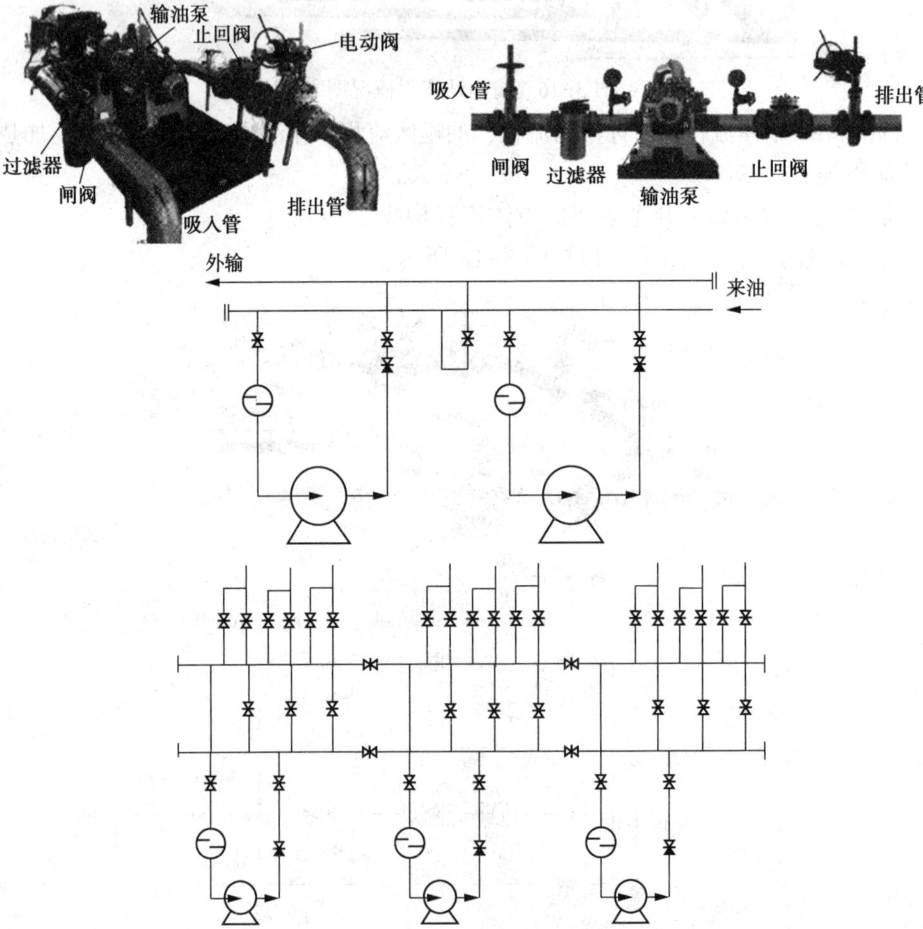

图 3-20　输油泵工艺流程图

④ 原油加热工艺流程，如图 3-21、图 3-22 所示。

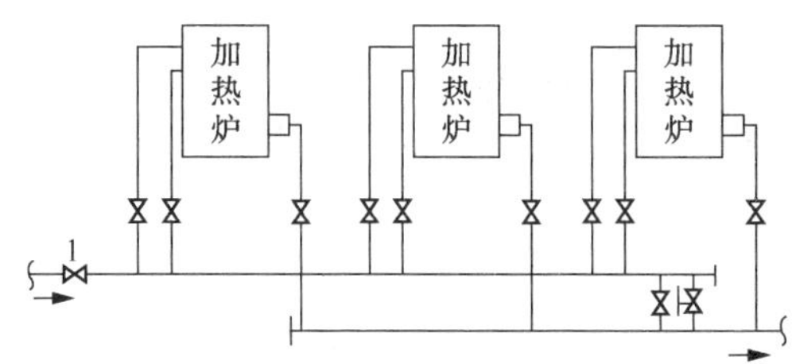

图 3-21 中间站加热炉工艺流程图

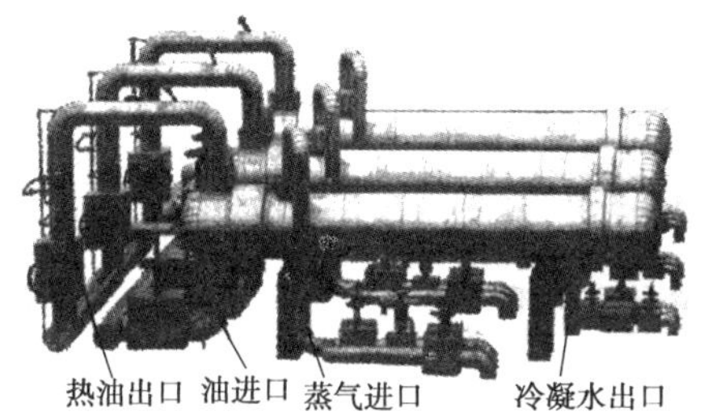

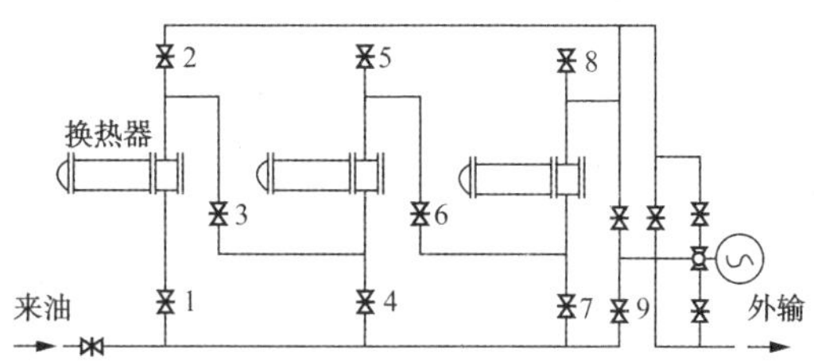

图 3-22 换热器工艺流程图

⑤ 管道清管流程，如图 3-23 所示。

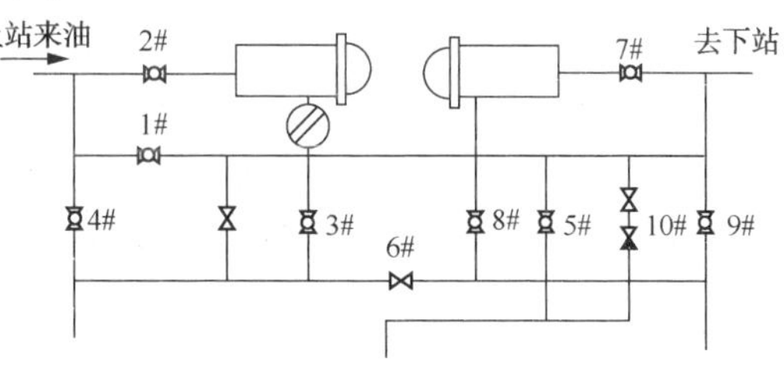

图 3-23 某输油站清管器收、发球工艺流程图

⑥ 减压工艺流程，如图 3-24～图 3-26 所示。

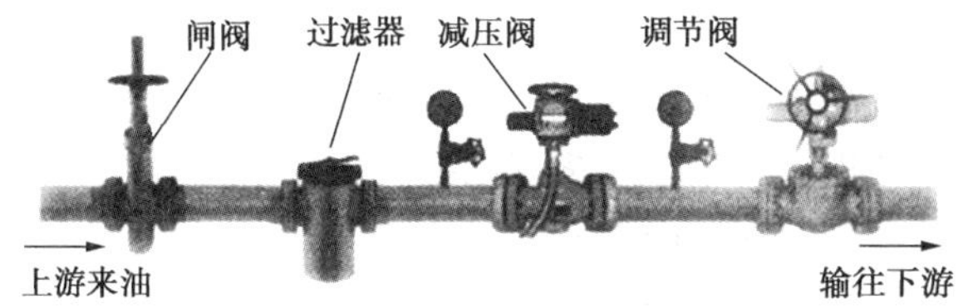

图 3-24 减压阀减压工艺流程图

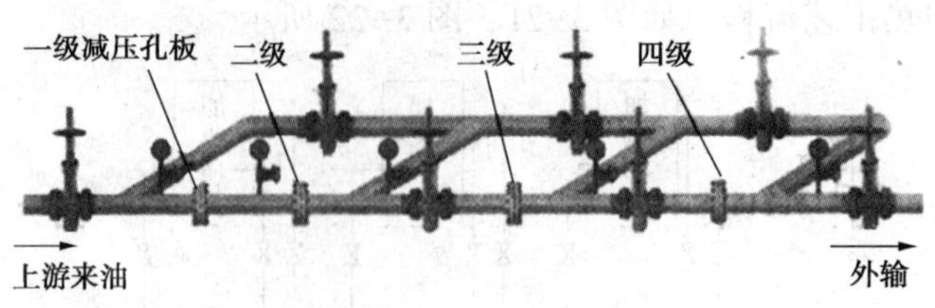

图 3-25 节流孔板减压工艺流程图

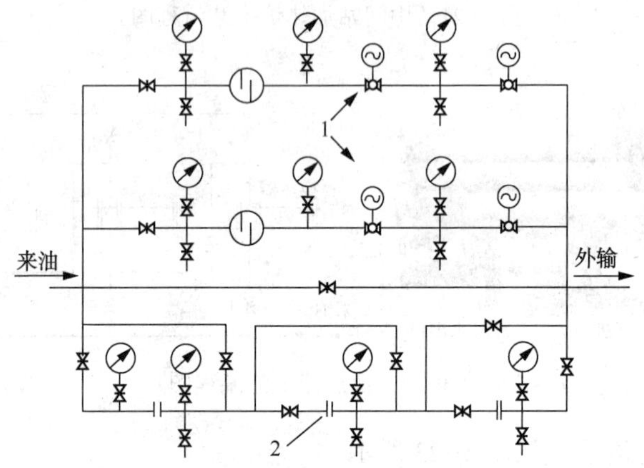

图 3-26 减压工艺流程图

1—减压阀；2—节流孔板

3.4.3 输油站工艺流程图绘制

在绘制工艺流程图时，不按比例，不受总平面布置的约束，以表达清晰、易懂为主。图中应反映出输油的工艺流程、主要设备型号、管线和阀门尺寸，可按平面布置的大体位置，将各种工艺设备布置好，然后，按输油生产工艺以及辅助系统的工艺要求，用规定的绘图标准，将管线、管件、阀门等设备连接起来。其操作步骤如下：

① 根据本岗工艺流程的多少和复杂程度选择图纸幅面的大小；

② 根据本岗标准视板的尺寸切割好图纸；

③ 把切好的图纸固定在绘图板上；

④ 用丁字尺，铅笔画出边框，到图纸各边 15mm 为准；

⑤ 在图纸上边留出 100mm 的流程名称标题栏；

⑥ 在图纸的下边留出 100mm 的流程的管线编号、名称、标注栏；

⑦ 在图纸上用铅笔大致按比例布局各种设备在图中的位置；

⑧ 按表示符号在图纸上画出设备图样；

⑨ 用实线画出管线走向，并与各设备连接成工艺流程图；

⑩ 在管线的适当位置上画出管线图，如阀门、过滤器、计量仪表等；

⑪ 检查铅笔绘制的基本底图布局是否合理，是否符合工艺实际管线，交叉是否有错；

⑫ 检查无误后用绘图笔抽碳素水进行描图，选择好绘图笔的粗细和设备管线的主次相符合；

⑬ 用细绘图笔在管线上规范画出走向，在设备上填写名称、编号；

⑭ 画好管线标注栏，用细绘图笔采用切割法对管线进行排序编号；

⑮ 依据管线编号在标注栏内填写管线名称，必要时填写出管径和标高；

⑯ 清理图样，用橡皮擦去底图中铅笔部分和图面上不洁的地方，用毛刷刷净图面上的杂物；

⑰ 在图纸上边的标题栏内对称贴好“×××岗工艺流程”字样。

在实际绘图过程中，有如下几点注意事项：

① 因为岗位流程图不需按标准比例绘画，因此在绘图时，应注意各设施的轮廓、大小、相对位置应尽量做到与现场相对应；

② 设备和主要管线用粗实线，次要或辅助管线用细实线；

③ 每条管线都要标明编号、管径及流向；

④ 图样上避免管线与管线、管线与设备之间发生重叠，管线布置要均匀对称；

⑤ 在图上管线发生交叉而实际并不相碰时，一般采用横断竖不断、主线不断的原则；

⑥ 图上管线的主要阀门及重要附件要用细实线画出。相同阀门或附件大小在图上应一致、排列顺序；

⑦ 在图上有多台相同设备时要进行编号；

⑧ 图上所采用的符号必须在图例中说明；

⑨ 工艺流程图画完后要布局合理，设备大小分明，管线排列均匀；

⑩ 图上汉字必须用长仿宋体，数字用阿拉伯数字表示，图样说明清楚，标注栏详细正确。

任务3.5 热油管道启动投产与停输再启动

3.5.1 试运投产前的准备工作

试运是管道由施工建设转入生产运行的关键阶段。管道的设计是否符合实际，施工质量是否符合要求等问题都将在投产过程中集中地暴露出来。而且长输管道的投产还与油品的运输、电讯系统等方面密切相关，因此投产前要做好各项准备工作。

① 全线组成统一的投产指挥机构，确保各项工作能逐级落实。

② 配备好各岗位的工作人员，建立一支反应灵活的维修队伍。

③ 讨论制定各种生产管理制度，如操作规程、生产报表等，配备好投产所需的各种设备工具，落实投产所需的水源、燃料和车辆等。

④ 制定投产方案。投产程序一般包括：

a. 各站单体及整体冷热水试运。单体试运包括：清扫站内管道；高、低压系统各自进行严密性和强度性试压；加热炉单片和整体试压；输油泵机组 72h 连续试运；加热炉烘炉；各类阀门按工作压力值进行严密性试压；各类油罐经过装水试验不渗漏，各部件齐全、完整、合格，计量罐进行算定并有计量表；消防系统齐全可靠。完成上述单体试运工作后，再以水为介质进行站内联合试运，联合试运时采用站内循环流程。

b. 冲洗清扫站间管路。采用大排量分段冲洗，并发送清管球扫除杂物和排出管内空气。为防止泥砂等杂物进入站内而损坏阀门和设备，应在进站前开口排污。清扫完后再重新补口。为了防止跑球，在大直径三通处应焊接挡条。

c. 预热管路：一般采用热水预热。为了节省燃料和水源，缩短预热时间，长距离管道一般采用正反输预热，短管道一般采用单向预热。

d. 通油投产，管线预热达到要求并全面检查合格后便可投油。

3.5.2 热油管路的启动方法

1）冷管直接启动

将热油直接输入温度等于管线埋深处自然地温的冷管道，靠油流降温放热来加热周围土壤。这样，最先进入管路的油流在输送过程中一直与冷管壁接触，散热量大，当管路较长时，油温很快降至接近自然地温，远低于凝固点。通常把这一段称为冷油头。冷油头散失的热量主要用于加热钢管及部分沥青层。冷油头中，有相当长的一段油流温度接近或低于凝固点。油头在管内凝结，使输送时的摩阻急剧升高，以至于会超出泵和管道强度的允许范围。因此只有当管道距离短，投油时地温高，并能保证大排量输送情况下，才能采用冷管直接启动。对于长输管道，当地温接近凝固点时，也可采用冷管直接启动。

例如湛茂线，1980 年 10 月 1 日投产，启动前管内存有原油(凝固点-17℃)，投产时气温 30℃，管道埋深处地温 29℃，采用直接启动方法，直接输入 40℃的凝固点为 33℃的大庆原油。只开首站输油泵，最高出站压力为 3.6MPa，末站油温在投油 15 天为 29~30℃。该管线之所以能采用冷管直接启动，是因为地温较高，高于凝固点，在流动条件下原油根本不会凝固。

2）油品降凝降黏后直接启动

在原油中加入化学添加剂或稀油，降凝降粘后直接输入冷管路，这种方法要受降粘剂或稀油的限制。

3）热水预热启动

目前，对于大多数输送易凝原油的长管道，均采用此法启动。即在输送原油前先在管道中输送热水，往土壤中蓄入部分热量。建立一定的温度场后再输油。预热的方法可以是单向预热(即一直从首站往末站输送热水)，也可以是正反输交替预热。对于较长的管道，为了节约水和燃料，并避免排放大量的热水污染环境，常采用正反输交替预热。

热水预热启动虽然安全可靠，但要耗用大量的水、燃料和动力，且排出的热水温度高，且往往含油，易造成环境污染(包括热污染和油污染)。如 1973 年铁秦线投产(ϕ720，454.3km)，预热 28 天，用水 470000m^3，74 年庆铁复线(ϕ720，523km)，预热 18 天，用水 400000m^3，75 年秦京线(ϕ529，342km)，预热 14 天，用水 138000m^3。

随着投产经验的不断增加，我国管线启动时预热时间和用水量都在不断减少。有些管线启动时采用的方法是：在首站备足充满一个加热站间管道容积所需的水量，在投油前先往管路中输送热水，等热水达到第二站时首站开始投油。这样就使预热时间和用水量大大减少，一般输入热水后 20 个小时左右即可投油。利用这种方法，1991 年成功地启动了东临管线，1992 年成功地启动了中洛复线。

3.5.3 投油时应注意的问题

管线预热完成后即可改输原油。原油进入管道后，在油头到达末站之前的一段时间内，输油管道处于油水交替过程中。为了减少混油量，应注意以下几个问题：a. 尽可能加大输油量，一般应大于预热输水量的一倍；b. 在油头前(即油水界面处)连续放入 2~3 个隔离器(清管器)；c. 首站油源和末站转运要衔接，投油后不得中途停输；d. 中间站尽可能采用压力越站流程。必须启泵时，要在混油段(含隔离器)过站后再启泵；e. 混油段进入末站后，要进专门的混油罐，混油罐的容量视情况而不同。放置隔离器时，可取混油罐容量为管道总容积的 5%，未放置隔离器时，混油罐的容量为管道总容积的 40%。混油进罐后，加温脱水，待含水合格后方允许外销。

3.5.4 热油管道停输原因分析

热油管道在运行过程中，由于种种原因，不可避免地会发生停输。停输的原因可以分为两大类：事故停输和计划停输。

停输分类
- 事故停输
  - 全线突然停电或首站停电及设备故障等
  - 站间管道腐蚀穿孔或破裂：如 1992 年东黄复线首站外管道破裂，停输 1 天
  - 自然灾害
    - 地震引起管道断裂：如秦京线 1976 年唐山地震时断裂，全线停输
    - 首末站火灾：如 1989 年黄岛油库火灾曾使东黄复线停输
- 计划停输
  - 当油量不足，输量小时可采用间歇输送，有计划的停输
  - 管线终点
    - 炼厂：检修或事故检修不需原油
    - 港口：因台风等原因油轮不能到港装油

热油管道停输后，由于管内油温不断下降，黏度增大，管壁上的结蜡层增厚，会使管道再启动时的摩阻增大。当油温降至凝固点以下时，可能在整个管子断面上形成网络结构。必须有足以破坏凝油网络结构的高压，才能使管线恢复流动，而最高压力要受泵和管线允许强度的限制，为了保证管线的顺利启动，必须采取有效措施促使热油管道停输再启动。

3.5.5 热油管道计划停输操作及注意事项

热油管道计划停输操作步骤如下：

① 停输前首站应将库存降低，保证油田正常来油，以便油田正常生产；

② 末站库存要尽量打满，使销油工作正常进行，使炼厂、电厂等正常生产；

③ 加热炉按规定时间，逐渐降低负荷停炉；

④ 停输工作一般从首站逐站停，中间站要控制罐位不要太高，否则，不利于停输检修；

⑤ 停输后导通站内进罐流程，同时关严进、出站阀门，防止站内因加热炉温度高油品热胀，引起憋压事故和站外管段的原油进入本站油罐；

注意事项如下：

① 停输前 1~2d 提高原油的输送温度，以保证再启动的顺利进行；

② 管路停输前要把各站炉温降到 100℃以下，防止炉温过高，炉内原油汽化结焦；

③ 管路停输炉前，加热炉停炉后输量尽量压低，防止更多低温油进入管线；

④ 停输工作应在中心调度统一指挥下进行。

3.5.6 热油管道停输后再启动操作及注意事项

热油管道停输后再启动操作步骤如下：

① 再启动顺序是从收站逐站启动；

② 启泵前全线应导通压力越站流程，各站应利用油罐液位灌泵，做好启泵准备工作；

③ 全线各站均做好启泵准备工作后，在中心调度统一指挥下，首站开始启动；

④ 下属各站见进站压力上升后应立即逐站启泵，导通外输流程；

⑤ 各站输油泵运行正常后启动加热炉，投入运行。

热油管道停输后再启动注意事项如下：

① 由于停输、管路中原油黏度较大，启动压力增高，故在启动时，首站外输量不应超过管线额定输量的2/3，防止各站出站压力超高或罐位超高；

② 各站在启泵中要加强出站压力的观察，严防超压运行，防止意外事故；

③ 各站要注意外输量的变化情况，并及时向中心调度汇报。

3.5.7 加热输油管道停输后再启动方法

1）全线液相再启动

可启动输油泵或更换容积泵，利用小流量高温油流（必要时更换低黏油品）冲刷，使管壁的凝油和结蜡逐渐熔化，管道流通面积逐渐增大，直到恢复任务输量达到稳定工作状态。

2）部分管段凝油再启动

将凝油管段与主管道隔离，使用临时泵或压力车在凝油管段中间施压，将凝油向两端挤推，待凝油段打通后，再连接管道，启动油泵或用容积泵，小流量高温油流全线冲刷启动。在凝油段很短时，也可以直接在凝油段中间向两端挤推。

3）全线大部分凝油再启动

若长距离输油管道的大部分或全线出现凝油，则应采用分段挤推的方法，逐段打通全线各段。

任务3.6 输油管道的水击工况分析及控制

3.6.1 输油管道的水击现象

输油管道正常运行时，油品的流动基本上属于稳态流动。在输油管路运行中，由于开泵和停泵、阀门开启或关闭、泵机组转速发生变化、切换流程、因某种故障被迫停泵、误操作、事故紧急操作等等，都会使流速突然发生变化(也称瞬间变化)。由于液体的惯性作用，在流速突然变化时，引起管内压力突然上升或下降的现象称为水击现象(见图 3-27)，水击是一种流体瞬变现象。

水击实际上是能量转换的过程，即当油品以一定速度流动时，因某种原因突然减速，则油流的动能转变为势能(压能)，使管内压力升高。反之，当油流突然增速时，则势能(压能)转变为动能，使管内压力下降，水击造成的这种压力变化在管内以压力波的形式传播。

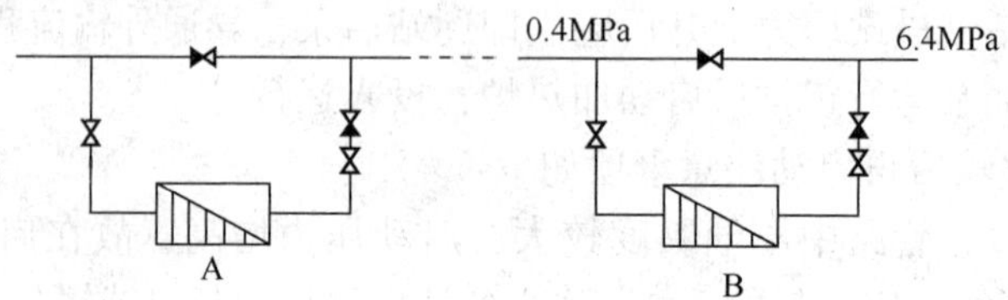

图 3-27　输油管道水击发生示意图

3.6.2　输油管道水击的控制

对于水击过程的控制，其目的是避免管道超压(包括超高压或超低压)；二是减轻管道运行参数的脉动，维持管道的平稳运行。用于控制水击过程的装置和措施很多，根据其作用原理可分为两类：

一类是从改变流速变化过程的角度考虑，如采用气体缓冲罐、水击罐等，设计合理的阀门开、关程序和停泵控制过程，减缓流体瞬变过程。例如在电站上、下游的泵站上停一台泵，以适应事故站的流量变化等。另一类是使用各种压力保护设备，防止管道超过允许工作压力。如各种泄压装置、回流保护系统和逻辑控制顺序停泵技术等。

1）调节阀控制

管道系统中的调节阀是一种阻力可变的节流元件。通过改变阀门的开度，可以改变管道系统的工作特性，从而实现调节流量，改变压力的目的。

2）压力保护控制

采用密闭输送流程的管道，除采用调节阀控制泵站进、出口压力外，还使用压力保护装置，用于防止管道超压。

① 泄压阀　泄压阀系统作用是当管道系统产生扰动时，在超压点把部分甚至全部液体泄放到常压罐中，以减轻瞬变压力波动，防止瞬变压力造成的危害。泄压系统一般由三部分组成：泄压阀、泄压罐和连接管道。

② 回流保护 回流保护措施主要用于单泵或并联泵站进站压力超低限的保护。由于进、出站压差大，对于泵站进站压力变化范围小、自控水平比较低的管道，回流可以迅速调整进站压力，维持离心泵正常运行。

③ 泵机组顺序自动停运 泵机组顺序自动停运是建立在泵站逻辑控制基础上的一种保护措施。该措施主要用于泵站吸入压力超低，或出站压力超高的保护。停运泵机组是人为造成的扰动。这样，降低了泵站提供的能量，减少了泵站的通过能力，使出站压力下降，进站压力上升。这种措施主要用于采用串联泵机组的泵站。

④ 回流超前保护 瞬变过程的超前保护是建立在高度自动化基础上的一项保护技术。当管道发生严重扰动时，为了防止在压力波传递过程中造成管道压力超限破坏，由扰动源通过通信系统迅速向上、下游泵站发出信号，让上、下游泵站产生一个与传来的压力波相反的扰动，两波相遇后抵消，不至于对管道形成威胁性压力。

对于泵站之间管道上某些特殊位置(稳定运行时，动水压力接近管道允许强度限或动水压力最低的位置)，超前保护可防止其超压。

任务3.7 热油管道首站/中间站/末站工艺流程操作

3.7.1 工艺流程操作原则

为确保输油站在工艺流程切换中的安全，在工艺流程操作时，须执行以下原则：

① 流程的操作与切换，实行集中调度，统一指挥，非特殊紧急情况(如即将发生或已发生火灾、爆管等重大事故)，任何人未经调度人员同意，不得擅自操作或改变流程。

② 流程操作必须严格遵循“先开后关”的原则，确认新流程已经导通并过油后，方可切断原流程，要做到听，看，摸，闻“四到”。

③ 具有高低压衔接部位的流程，操作时必须先导通低压部位，后导通高压部位；反之，先切断高压，后切断低压。

④ 各种的流程切换程序必须根据流程切换内容，填写流程操作票，在实际操作中专人监护。

⑤ 流程切换操作时，不得使输油干线压力、油温超高。

⑥ 倒流程操作开、关阀门时，必须缓开缓关。

3.7.2 热油管道首站工艺操作

1）管道正输

经联合站处理过的原油在长输过程中需要加热加压，进入输油首站换热器进行加热，输油泵进行加压，然后往下一单元输送。其操作步骤为：上站来油-阀组-输油-阀组-换热器对原油进行加热-阀组-主输油泵对原油进行管道输送增压-阀组-去热泵站

2）储罐正输

当首站设备出现故障或需要进行检修时，来油先储存于储罐内，当设备正常或检修完毕后，再转入正常流程。其操作步骤为：上站来油-阀组-原油储存于1#/2#油罐-阀组-输油泵-阀组-换热器对原油进行加热-阀组-主输油泵对原油进行管道输送增压-阀组-去热泵站

3）首站反输

当下站设备出现故障或需要进行检修时，来油经过加热加压，关闭站内出口阀门，将油品反输回至首站储罐内进行储存，其操作步骤为：上站来油-阀组-油泵-阀组-换热器对原油进行加热-阀组-主输油泵对原油进行管道输送增压-阀组-将原油打入1#、2#原油储罐。

4）首站越站

当来油压力温度能达到输送要求，无需进行加热加压时，开启越站阀门，直接将油品输送至下一站，其操作步骤为：上站来油-阀组(其他阀门处于关闭状态)-阀组-原油进入热泵站实现越站工艺流程。

3.7.3 热油管道中间站工艺操作

1）中间站正输

首站来油温度压力降低到一定程度，达不到输送要求时，原油进入热泵站进行加热加压处理，再输往下一站，其操作步骤为：首站来油-阀组-进入换热器对原油进行预加热处理(节约能源)-阀组-进入加热炉对原油升温加热-阀组-原油进入输油泵进行增压处理-阀组-原油输送至下一站。

2）热力越站

当首站来油温降不多，能达到输送要求，但是压力不足时，进行热力越站流程，只在本站进行加压，然后输往下一站，其操作步骤为：首站来油-阀组-进入换热器对原油进行预加热处理(节约能源)-阀组-原油进入输油泵进行增压处理-阀组-原油输送至下一站。

3）压力越站

当首站来油压降不多，能达到输送要求，但是温度不足时，进行压力越站流程，只在本站进行加热，然后输往下一站，其操作步骤为：首站来油-阀组-进入换热器对原油进行预加热处理(节约能源)-阀组-进入加热炉对原油升温加热-阀组-原油输送至下一站。

3.7.4 热油管道末站工艺操作

1）末站越站

当来油压力温度能达到输送要求，无需进行加热加压时，开启越站阀门，直接将油品输送至下一站，其操作步骤为：上站来油-阀组-(油罐车发车至炼厂)；上站来油-阀组-(通过管道输送至炼厂)。

2)末站收油

当来油量过大，超出站内处理量时，进行收油流程，将油品储存于储罐内暂时保存，其操作步骤为：上站来油-阀组-原油储存至1#、2#油罐-实现原油储存。

3）末站发油

将储罐内的油品进行加热加压处理后外输至炼厂，其操作步骤为：1#、2#油罐-阀组-进入换热器进行升温作业-阀组-进入主输油泵进行升压作业-阀组-进行管道长输发油-发油至炼厂或者油罐车发油至炼厂。

4）末站倒罐

当油罐运行时间过长，为了清理罐底污泥和杂物，检查储罐内部结构，需要进行清罐作业，此时进行倒罐流程操作，其操作步骤为：1#油罐原油-阀组-循环泵增压-阀组-将原油泵入2#油罐实现倒油作业；2#油罐原油-阀组-循环泵增压-阀组-将原油泵入1#油罐实现倒油作业。

任务3.8 热油输送管道设计基本步骤

热油输送管道工艺设计首先进行热力计算，得出全线所需加热站数，然后按加热站间管道进行水力计算，根据全线所需压头计算所需泵站数，接着在线路纵断面图上布置加热站、泵站并进行调整，最后根据布站结果校算热力和水力工况，下面简要归纳热油输送管道设计计算基本步骤。

1）热力计算

① 确定加热站间的起终点温度，冬季月平均最低温以及全线近似的传热系数；

② 计算加热站间距，并将加热站数化整；

③ 计算加热站热负荷，选加热炉。

2）水力计算

① 正确判断翻越点和确定工作点；

② 计算各加热站的摩阻(含流态的判别)；

③ 计算全线所需总压头；

④ 选择泵型号及其组合方式；

⑤ 确定泵站数并化整

3）确定最优管径方案

确定最优管径方案的方法跟等温输油管道基本相同，只是能耗费用包括动力费用和热能费用两部分。

4）站址确定

① 按最小设计输量布置加热站，最大输量布置泵站，兼顾最大最小输量要求，尽量使加热站和泵站合并；

② 给出若干输量下加热站和泵站的允许组合。

5）参数校核

操作的最后，应校核以下参数：起终点温度、安全输量、动静水压力、原动机功率及加热炉热负荷等。

任务 3.9　利用输油新工艺输油

常规加热输油工艺能耗大、设备投资大，随着技术的日益进步，一些新的输油工艺不断涌现，有些输油工艺只需对原油简单热处理就能显著降低其黏度，有些输油工艺甚至不用加热也能降低原油黏度，如稀释输送、掺水输送等。

3.9.1　热处理输送

热处理是将原油加热到一定温度，使原油中的石蜡、胶质和沥青质溶解分散在原油中，再以一定的温降速率将原油冷却下来，在蜡结晶过程中，由于胶质沥青质的作用，改变了蜡晶的形态、结构和强度，最终改善了原油的低温流动性能，从而实现了含蜡原油的常温输送或加热输送。

含蜡原油的组成是影响热处理效果的最根本原因。因此，并不是所有的含蜡原油都适合热处理工艺，只有当原油中含有石蜡和适量的胶质、沥青质时，才具备热处理方法改善其低温流动性的可能。

3.9.2 添加降凝剂输送

添加降凝剂输送工艺的基本原理，就是在一定的加热温度条件下，向含蜡原油中添加微量的高分子降凝剂，这种降凝剂能够在原油降温、析蜡的过程中，改善蜡的结晶习性、蜡晶的结构形态以及蜡晶之间的作用力，从而在宏观上降低原油的凝点、低温下的黏度以及屈服值等，即改善了含蜡原油的低温流变性能。

3.9.3 稀释输送

稀释工艺是在稠油中加入低凝点或低凝度的稀释剂，使原油的黏度降低，有利于管道输送。作为稀释剂有轻质原油、石油产品、天然气凝析油和有机稀释剂等。目前该工艺在稠油输送中应用较多。例如，加拿大的洛伊德莱姆尼斯-哈尔吉斯基输油管道(长 16km，直径 219mm)，就是掺入 22.5%的凝析油用以输送高黏原油。在稀释剂缺乏的情况下，采用稀释输送使管道输送成本增大。如果一个油田不同的油区，既产重质原油又产轻质原油时，采用这种输送工艺来解决黏稠原油的外输温度，将是十分有利的。

3.9.4 掺水输送

原油掺水输送工艺主要是指液环输送、乳化输送和水悬浮输送工艺。

1）液环输送

低黏液环输送就是将水或其他低黏流体引入输送管道中，在管壁上形成作为润滑层的环流，而黏度大的稠油作为芯流被水或其他低粘流体包围，使其不与管壁接触，从而降低管壁与流体之间的摩阻损失。该输送工艺最大的问题就是水环或低粘液环的稳定性。水环或低黏液环的稳定性解决不好，该工艺在工程上应用意义不大。

2）乳化输送

乳化降黏就是设法使稠油较均匀地分散在水中，形成较稳定的水包油乳液，从而大大降低稠油黏度和管输能耗。其关键在于乳化剂的筛选评价与开发。原油乳化降黏机理主要体现在两个方面：一方面大幅度降低原油黏度，稠油形成O/W乳状液后表观黏度比纯稠油的黏度降低 2~3 个数量级；另一方面，表面活性剂吸附在管壁上形成亲水膜降低管壁的摩阻。

乳化降粘输送工艺的关键技术就是制备出合适的 O/W 乳状液。这就需要有合适的乳化剂，同时制备出的 O/W 乳状液有适中的稳定性，即这种乳状液在管道输送过程，能够经受剪切和热力的影响而不破坏，在输送后能够顺利破乳脱水。近年来，应用乳化降黏来开采和集输原油被认为是最具潜力方法之一。

3）水悬浮输送

水悬浮输送就是在管道的流动温度下，把呈固态的高凝原油分散在水中，形成油颗粒悬浮液，进行原油输送工艺。据观测，油颗粒集中在管道轴线处，而与管壁接触的液体实际上是纯水，故阻力很小，这种悬浮液呈触变-假塑性。在管内流动状态取决于“水套”的滑脱、剪切速率、剪切极限及流动温度。该工艺关键问题是保持悬浮液稳定性。一般而言，原油凝固点高于水温的值越大，悬浮液就越稳定，悬浮液温度升高稳定性下降；高速剪切也会引起悬浮液稳定性破坏。由于油水存在密度差，流速太低不利于悬浮液的稳定。

此外，含蜡原油磁处理工艺、剪切处理输送、高黏原油掺活性水、改质降黏等新工艺正处于探索阶段，原油输送工艺的研究正向新型、多样化方向发展，由采用单一加热输送向联合输送工艺发展。

思考题

1. 简述加热管道输送的特点。
2. 简述热油管道的热力计算和水力计算的关系。
3. 简述热油管道温降规律。
4. 加热站进出站温度如何确定。
5. 简述直接加热与间接加热系统区别。
6. 简述首站、中间站、末站工艺流程。
7. 简述热油管道投产方法。
8. 简述热油管道停输再启动方法。
9. 简述输油管道水击特性及其控制措施。
10. 简述输油新工艺。

11. 某 $\phi325\times7$ 的热油管道全线有 5 座热泵站，管道允许的最高、最低输油温度分别为 65℃ 和 30℃，管道中心埋深处自然地温为 2℃，所输油品比热容为 2100J/kg · ℃，平均密度为 852kg/m^3，油品 65℃时的运动黏度为 5.3×10^{-6}m^2/s，黏温指数为 0.036，热泵站间距及管路总传热系数(以钢管外径计)见下表，各站维持进站油温 30℃不变运行，摩擦升温忽略不计，站间距及各站间总传热系数 K 见下表。

站间编号	1	2	3	4	5
站间距 /km	42.0	37.5	38.2	45.0	43.0
K/(W/m^2 · ℃)	1.95	2.20	2.40	1.80	2.00

(1) 求该管道的允许最小输量 G_{min}；

(2) 用平均温度法计算输量为300t/h时第3站间的沿程摩阻损失（已知流态为水力光滑区）。

12. 某管线 $D_0=325\text{mm}$，站间距32km，总传热系数 $K=1.8\text{W/m}^2\cdot℃$，输量 $G=98\text{kg/s}$，出站温度65℃，沿线地温 $T_0=3℃$，所输油品物性为 $\rho_{20}=852\text{kg/m}^3$，$C=2.0\text{kJ/kg}\cdot℃$，$\upsilon_{TR}=5.3\times10^{-6}\text{m}^2/\text{s}$，$\mu=0.036$（黏温系数），按平均温度计算法求热油管路的站间摩阻[按水力光滑区计算 $\beta=0.0246$，$m=0.25$，$\alpha=1.825-0.001315\rho_{20}$，$\rho_t=\rho_{20}-\alpha(t-20)$]。

模块4　顺序输送

【模块描述】

本模块主要包括五大任务，即：任务1顺序输送工艺特点分析；任务2混油机理及混油过程分析；任务3混油的影响因素分析及混油切割；任务4混油浓度检测及减少混油措施分析；任务5顺序输送运行控制及方案确定。通过本模块的学习，学生会对顺序输送工艺有一定的认识，包括混油控制的方法、混油浓度检测、混油的接收与处理等。

【知识目标】

- 掌握顺序输送特点；
- 掌握混油机理；
- 掌握影响混油的因素；
- 掌握混油的二段及三段切割方式；
- 掌握混油浓度检测的方法、原理。
- 掌握顺序输送运行控制对策。

【能力目标】

- 能分析混油产生过程；
- 能根据混油浓度进行混油切割；
- 能根据混油影响因素制定减少混油的措施方法；
- 能设计简单的油品输送顺序方案。

【素质目标】

- 能团结协作，体现团队意识；
- 培养学生的安全意识；
- 培养学生敬业爱岗，严格遵守操作规程的职业道德素质。

任务4.1 顺序输送工艺特点分析

4.1.1 概述

在一条管道内，按照一定批量和次序，连续地输送不同种类油品的输送方法称为顺序输送，如图4-1所示。

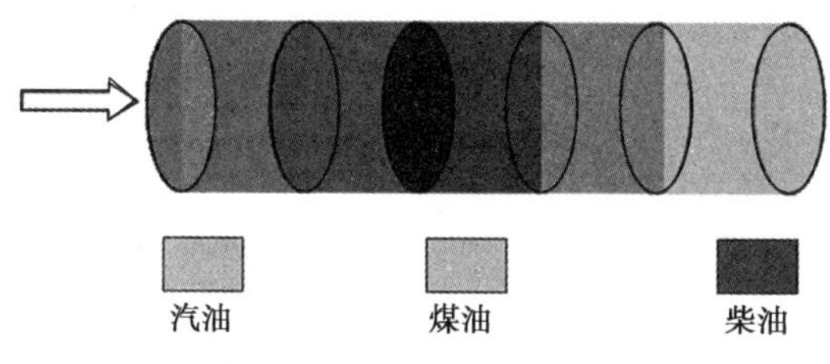

图4-1 成品油顺序输送示意图

顺序输送的应用范围包括：a. 输送性质相近的成品油。如汽油、煤油、柴油及各种重油、农用柴油和燃料油等。b. 输送性质不同的原油。如克拉玛依油田的低凝原油，可用于生产高质量的航空润滑油，若与油田所生产的高凝原油混合输送，就炼不出这种高级产品，因此需要分开输送，即采用顺序输送。

成品油输送的特点是种类多、批量小。若每一种油品都建一条管线，必然是要建多条小口径的管线。若顺序输送这些油品，则只需建一条大口径的管线。例如：汽油、煤油、柴油三种油品，输量分别为1Mt/a、0.4Mt/a、1.1Mt/a，若用三条管线输送，所需口径分别为*DN*200mm、150mm、200mm。若采用顺序输送，则只需一条口径为*DN*325mm的管线。后者与前者相比，所需的投资和经营费用都要节省一半以上，经济效益十分明显，故国内外成品油管线广泛采用顺序输送的方法。

为了充分利用管道的输送能力，国外还成功地进行了原油与成品油、原油与液化天然气、成品油与液化天然气等的顺序输送。

由于顺序输送可以使长输管道最大限度地满负荷运行，不仅可以增加管道企业的经济效益，而且可以减轻其他运输方式（铁路、公路）的运输负荷，所以顺序输送方法在许多国家都已获得广泛应用。其中最大的成品油输送系统有美国的科洛尼尔（如图4-2所示）、西欧的莱茵-美茵、前苏联的古比雪夫-勃良斯克等管道系统。据统计，目前我国成品油管道共有16条，总长度为9033km，对各地经济发展起到了强劲的推动作用。其中最为著名的是1977年建成的格拉成品油管道和2002年建成的兰成渝成品油管道（如图4-3所示）。

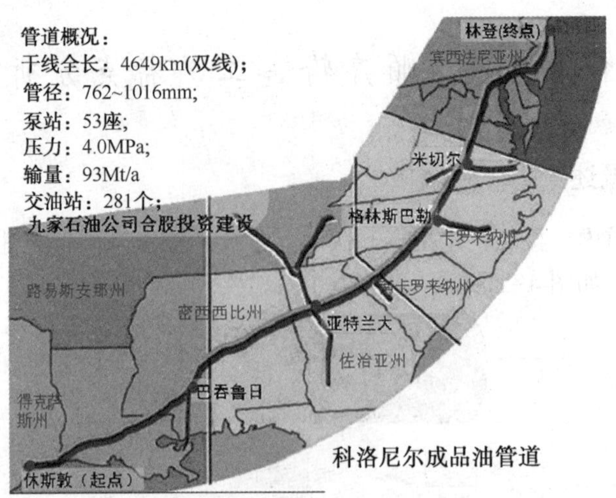

图 4-2　科洛尼尔成品油管道图

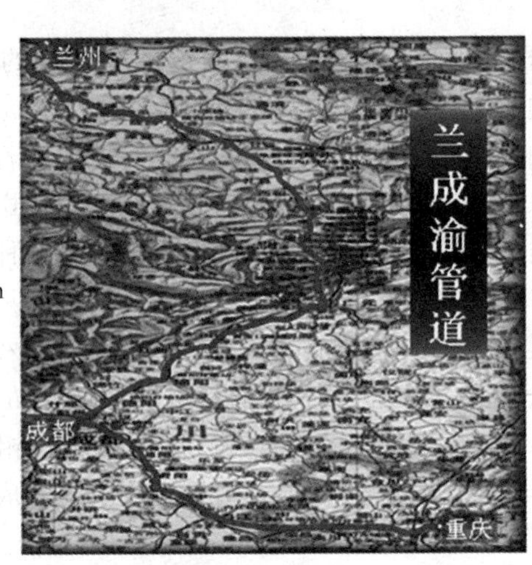

图 4-3　兰成渝成品油管道图

4.1.2　顺序输送管道特点分析

与输送单一油品的原油管道相比，多种油品的顺序输送管道有以下特点：

1）产生混油

在两种油品的交界面处会产生混油，形成含有前后两种油品的混油段，如图 4-4所示。生产实践表明，在紊流状态下输送时，混油量一般为管道总体积的 0.5%~1.0%。产生的混油在物理化学性质上与所输得两种油品都不同，有些不

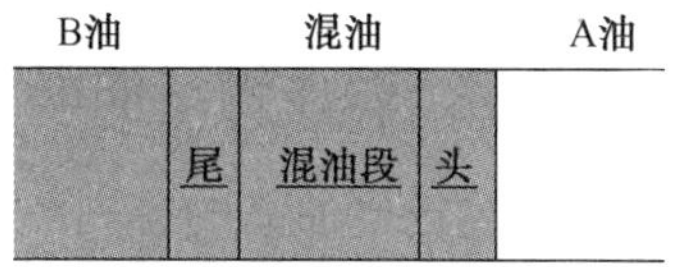

图 4-4 界面处产生混油示意图

能作为合格的油品销售，造成一定混油损失。顺序输送时产生的无法直接销售的混油量，不仅取决于两种油品物理化学性质，且与交替过程管内油品的流动状态、输送顺序和管道长度等因素有关。油品性质愈接近，两种油品互相允许的混入量就越大，产生的无法直接销售的混油量就越少，故一般总是选择性质相近的几种油品进行顺序输送，并把性质相近的两种油品相邻输送，尽可能地减少混油损失。

2）首末站需较大罐容

对于顺序输送的管线，某段时间内输送某种油品，其余几种油品停输。对于首站来说，炼油厂连续生产，每天照常生产各种油品，停输的几种油品在首站上需用油罐储存起来。对于末站来说，用户每天照常需要各种油品，停输的几种油品在末站必须有足够的储量以供应用户。为了调节首、末站的供求关系，就要相应地加大首、末站油罐的容量。首、末站油罐的容量与循环周期有关，循环周期越长，每次输送一种油品的时间越长，所需罐容越大。另外，考虑油品收、发过程及管道运行可能出现的事故，油罐容量都需要一定的备用余量。

3）水力特性复杂

顺序输送时，各种油品的黏度、密度不同，管内摩阻损失和压力随油品而变化，特别是两种油品交替时，管道内同时存在两种油品，且其长度随时间而变化，使管内的压力和输量连续变化，整条管线处于不稳定工况。再加上油品的多点输入输出，使得管道的运行参数处于不断变化之中。

4）需要较高自控水平

当混油段到达管路终点时要及时切换，这就需要可靠的设备、准确的检测仪表及较高的自控水平才能完成，另外，因两种油品交替时属于不稳定的水力过程，更需要较高水平的自动调节装置。

此外，成品油管道大都是多分支、多出口，以方便向管道沿线及附近的城市供油，其在分输站可能有支线管道将油品输往较远城市，也可能与铁路、公路或水路联运的枢纽站。有的管道还可能有多个注入点，接受多家炼油厂的来油。管道沿线任何一处分输或注入后，其下游流量就会发生相应变化。成品油管道可顺序输送油品达几十种，其注油和卸油均受货主和市场的现状，运行调度难度大。要保证管道系统安全、高效、经济地运行，必须借助较高水平的自控设备及检测仪表进行监控。

4.1.3 顺序输送油品的排列顺序

顺序输送中油品的排列顺序对混油损失的影响很大。一般来说性质相近的油品顺序输送，混油量较小，允许的混油浓度较大，混油比较好处理。通常可以直接调和到两种油品中去。输油顺序的安排一般要考虑：①使性质相近的两种油品相邻。②油品互相不产生有害影响。如润滑油与汽油一般不能在同一条管道内顺序输送。

成品油顺序输送时的排序：优质汽油→普通汽油→航空燃料→柴油→轻燃料油→柴油→航空燃料→普通汽油→优质汽油。

成品油与原油顺序输送时的排序：优质汽油→普通汽油→隔离液(煤油)→柴油→轻燃料油→隔离液(柴油)→轻质原油→重质原油→轻质原油→隔离液(柴油)→轻燃料油→隔离液(煤油)→普通汽油→优质汽油。

任务4.2 混油机理及混油过程分析

一般来说，泵站内的混油不好计算，如果操作管理得当，站内混油所占比例很小，因此一般不作详细计算。本节主要讨论在油品交界面处引起的沿程混油。

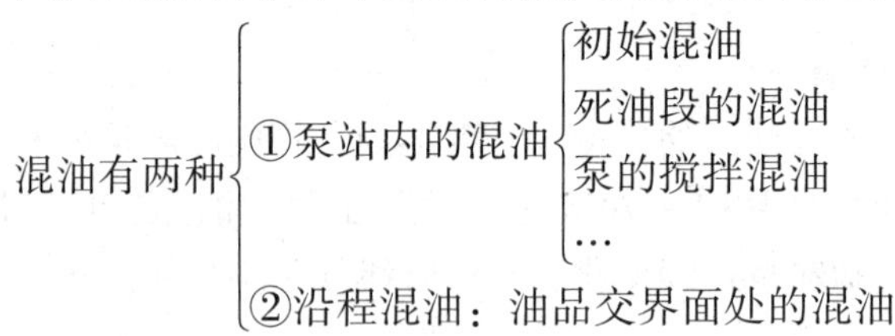

4.2.1 混油机理

1）流速分布不均引起的几何混油

油品在管内流动时，存在着流速分布，对混油影响很大。流态不同，管内流速分布不同，对混油的影响也不同。

① 层流　管内流速分布呈抛物线型，且管中心处流速 U_{max} 为管内平均流速 V 的 2 倍即 $U_{max}=2V$。在两种油品接触处管中心附近的流速大，后面的油品进入前面的油品中；在管壁处，流速较慢的前行油品又会落后在后面的油品中，就在管内形成楔形油头，如图 4-5 所示。

随着流动距离的增加，混油段会越来越长，混油量会相当大，可达$(3\sim4)Vg$（Vg 为管道总容积）。因此顺序输送的管道在两种油品交替时应避免在层流下工作，无法避免时，应在两种油品交界面处加隔离装置减少混油。

② 紊流 在紊流核心部分，流速分布趋于均匀，$U_{max} \approx (1.18 \sim 1.25)V$。仅在管壁处的层流边层内存在较大的流速梯度，而无明显的楔形油头存在，所以紊流时混油量比层流时小得多。随着流量的增大，Re 变大，混油量减小，一般情况下，$Re>10^4$ 时混油量仅占管道总容积的 0.5%~1%，如图 4-6 所示。

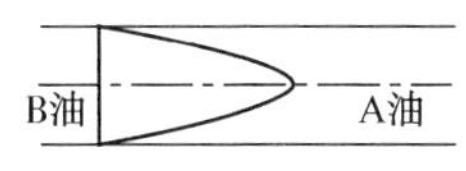

图 4-5 层流时混油示意图

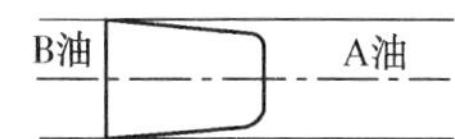

图 4-6 紊流时混油示意图

2）密度差引起的混油

由于两种油品的密度不同，会引起管内的自然对流，从而增大混油量。表现在两个方面：

① 在流速不均而造成的混油界面上，由于两种油品的密度不同，引起自然对流，重的下沉，轻的上浮，增加了混油量。

② 在地形起伏的管段上，当混油段处于上下坡时，由于密度差的作用(重油在上面、轻油在下面)也会形成自然对流，加大混油，此时管线停输则混油量更大。

3）扩散混油

在两种油品的交界面处，两种油品的浓度是不同的。若将前后两种油品分别称为 A 油和 B 油，则在 A 油中 A 油的浓度要大于 B 油中 A 油的浓度，使 A 油分子由浓度高的 A 油方面向浓度低的 B 油方面扩散，而 B 油则由 B 油方面向 A 油方面扩散，这样便形成了扩散混油。

一般情况下，紊流时，扩散混油是主要的；层流时，流速分布不均，形成楔形油头造成的混油是主要的；正常运行时密度差引起的混油要小得多，可以忽略不计。对于长距离顺序输送管道，一般都在紊流区工作，主要是扩散混油。

4.2.2 混油过程

在起始接触面处，A、B 两种油品直接接触，产生混油。随着 B 油的流入，起始接触面向前移动，混油段逐渐增大。为了便于分析计算，我们选择一个移动的座标系 $K-x$ 坐标系，移动速度为 V，坐标原点位于起始接触面上，纵坐标表示油品浓度，横坐标为某截面到起始接触面的距离，这样纵坐标轴(即起始接触面)将混油段分为左右两部分。

(1) t_1 时刻，两种油品刚开始接触，混油段长度为 0，起始接触面 O 处，$K_A=K_B=0.5$，截面 O 右边：$K_A=1$，$K_B=0$，见图 4-7。

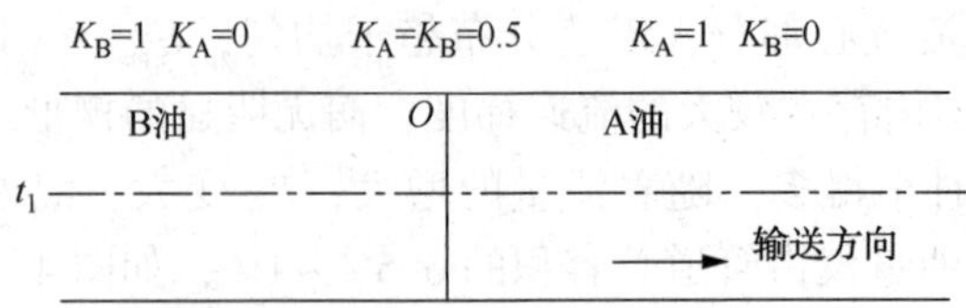

图 4-7　t_1 时刻浓度分布示意图

(2) $t_2>t_1$ 时刻，起始接触面 O 移动了 $V(t_2-t_1)$ 的距离。形成了长为 $2l_1$ 的混油段，起始接触面把混油段分为左右两部分，见图 4-8。

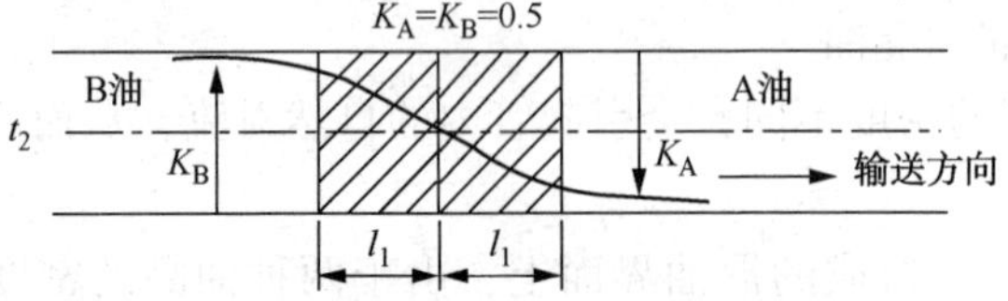

图 4-8　t_2 时刻浓度分布示意图

在起始接触面上：$x=0$，$K_A=K_B=0.5$

在起始接触面右边：$x>0$，K_A：$0.5\to1$，K_B：$0.5\to0$

在起始接触面左边：$x<0$，K_A：$0\to0.5$，K_B：$1\to0.5$

混油段内的任意截面上，A、B 油都有一定的浓度。A、B 油的浓度随截面位置不同而不同，但在每个截面上都有 $K_A+K_B=1$。

(3) $t_3>t_2$ 时刻，起始接触面移动到 $V(t_3-t_1)$ 的位置。这时的混油长度为 $2l_2$。与 t_2 时刻的混油浓度曲线相比，可知混油段内某个截面上的混油浓度还随时间 t 变化，且随 t 越大 l 越大，混油浓度曲线变平，见图 4-9。

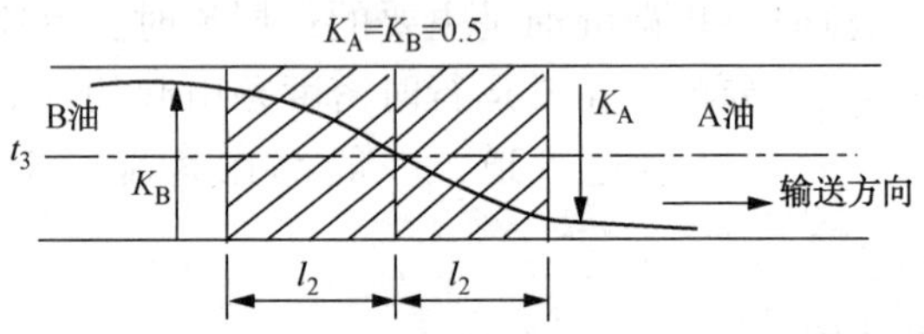

图 4-9　t_3 时刻浓度分布示意图

任务 4.3　混油的影响因素分析及混油切割

4.3.1　影响混油量的因素

1) 雷诺数的影响

低于临界雷诺数时，混油长度随雷诺数的降低而急剧增加，高于临界雷诺数时，混油长度随雷诺数的降低，增长缓慢。因此，为减少混油量，管道应在大于临界雷诺数情况下运行。

2）输送次序对混油量的影响

由于顺序输送的周期性，油品在管内的排列次序也发生周期性的变化。无论是国内顺序输送实践或国外文献均指出，在操作条件完全相同的情况下，输送次序不同，产生混油量亦不同。一般规律为：油品交替时，黏度小的油品顶替黏度较大的油品产生的混油量大于交替次序相反时的混油量。

这可作如下解释：在相同的输送条件下，黏度较大的油品的层流边层比较厚，由于黏度大，层流边层内液体的黏滞力也大。例如，当汽油顶柴油时，附在管壁上的柴油量较大，且不容易被后行的汽油剪切冲刷下来，会使混油尾拖得很长，增加了混油量；当柴油顶汽油时，附在管壁上的汽油量较少，且汽油与管壁的黏滞力也小，汽油容易被后行的柴油剪切冲刷下来，相应的混油长度也短一些。

前苏联文献上讨论了输送次序对混油量的影响，认为在顺序输送管道内用黏度较小的油品替换黏度较大的油品时，其混油量比相同两种油品输送次序相反时的混油量大10%~15%。

3）管道首站初始混油量的影响

在输油首站开始两种油品交替时，倒换流程的过程如下：首先开启后行油品储罐的阀门，然后逐渐关闭前行油品储罐的阀门，实现输油批量的交替。在油罐切换的短暂时间内，前后两种油品同时进入首站泵的吸入管道，形成所谓的初始混油。初始混油量的大小取决于切换油罐的速度、首站泵吸入管道的布置和首站的排量。前苏联古比雪夫-勃良斯克顺序输送管道，管径为500mm，其初始混油长度约为600m。

理论与实践均表明，在管道首站产生的初始混油，对短距离管道影响是很大的，当管道长度增加到300km时，初始混油的影响已不明显。因此，可以得出下述结论：初始混油会使管道终点的的混油量有所增加，特别是对短距离管道总混油量影响是很大的，随着管道距离增长，它对总混油量影响逐渐减小。

4）中间泵站对混油量的影响

顺序输送过程中，混油段每经过一个中间泵站或中间分输站，混油长度就有所增加。中间站场产生混油的原因主要有以下几点：

① 站内分支管道较多，支管到阀门之间的存油不断地与进站油品掺合，使混油段浓度发生变化，混油量增加。

② 站内管道阀件、管件多，造成局部扰动，加剧混油过程。

③ 混油段通过中间泵站时，泵站叶轮的剧烈剪切也会加强混油过程，增加

混油量。

根据某成品油输送管道运行资料统计，混油段经过中间泵站时，混油长度平均增加 36. 6mm，从减少中间站对混油量影响的角度考虑，对于顺序输送管道，应采用密闭输油方法，尽量简化中间站流程，减少涡流源和盲管长度。

5）停输对混油量的影响

在油品输送过程中，管道的事故工况或计划内的维修工作都会造成管道的临时停输。停输时，如果混油段还在管道内，这时管内液体的紊流脉动消失了，被输送液体之间的密度差成为产生混油的主要因素。在密度差的作用下，混油段横截面上的油品会在垂直方向上产生位移。较轻的油品向上运动，较重的油品向下运动。如果停输时混油段正在高差大的上坡地段且密度大的油品正处在高处时，在密度差的作用下，混油量会有较大的增加。

我国顺序输送试验中，曾把运作了 368km 的柴油航空煤油混油段中的一部分停在 880m 长、高差 166m 的山坡地带，山顶处是柴油，停输范围内的混油长度为 1650m，因停输而增至 2250m，增加 36%故为减少混油，在油品交替时(混油段还在管道内)应尽可能避免计划停输。应尽可能选择混油段处于地形平坦地区或使密度大的油品处于爬坡段的下方。

6）管道沿线温度对混油量的影响

顺序输送管道通常不是等温管道，夏天进入管道的油品温度常高于地温，而冬天则可能低于埋管处地温。当两种不同性质的原油或不同品级的重油交替输送时，在沿线还可能要设置加热设备。沿管长方向油品温度的变化引起油品黏度的改变，并导致管截面上局部流速分布和油品扩散系数的改变，从而影响两种油品交替时所产生的混油量。

4. 3. 2　混油切割和处理

对于顺序输送管道，一般在管道终点对输送产生的混油进行接收和处理。在顺序输送时，需要根据纯净油品中允许另外一种油品混入的浓度和纯净油品油罐的容量，计算一种油品允许混入另一种油品的量，从而确定管道终点混油段的切割浓度，倒换油罐，并对混油量进行分段处理。

1）纯净油品中允许的混油浓度

某种纯净油品是否允许混入另一种油品，及允许混入的浓度大小，取决于两种油品的性质和油品质量指标的潜力。例如，车用 85 号汽油与 90 号汽油，其质量指标中主要是辛烷值不同，且辛烷值差别范围不大，比较适合于进行交替输送。而车用汽油与轻柴油(如 0 号柴油)混合后，仅闪点一项就很难满足质量要求，因此，这两种油品一般不直接进行交替输送。

通常，炼油厂的产品质量指标都有一定的余量。如 90 号车用汽油的辛烷值可以为 92 号或 93 号，因而允许在 90 号车用汽油中混入少量的 85 号车用汽油，而不影响 90 号车用汽油的质量。一般情况下，两种油品混合后的质量指标与混油浓度之间并不遵守相加原则。因此，两种油品交替输送之前，需在化验室进行不同浓度的混油调合，根据有关规定测定混油的性能，从而确定满足质量要求的最大允许混油浓度。顺序输送管道，对所有可能交替输送的油品，都需要进行这样的性能测定，确定允许混油浓度，以便进行输送次序的安排和混油的切割与处理。不同批次的油品，其质量指标也会变化，因此为确定允许混油浓度而进行的化验、分析是大量的经常性的工作。

我国成品油管道在进行顺序输送试验之前，需对所输油品允许混入其他油品的浓度进行化验，化验结果认为不同油品的掺和控制指标参数如表 4-1 所示。

表 4-1　不同油品掺和和控制指标参数

掺和油品品种	控制指标参数	掺和油品品种	控制指标参数
汽油中掺和汽油	抗爆指数	煤油中掺和柴油	终馏点
汽油中掺和煤油	抗爆指数、终馏点	柴油中掺和汽油	闪点
汽油中掺和柴油	抗爆指数	柴油中掺和煤油	闪点
煤油中掺和汽油	闪点		

在两种油品交替输送之前，取两种油品不同的混合比在实验室测定其物性参数从而确定满足质量要求的最大允许混油浓度。

表 4-2　航空煤油与汽油、灯用煤油混合后的物性参数

物性参数		航空煤油		航空煤油中掺入 0.5%汽油	航空煤油中掺入 1%汽油	航空煤油掺入 3%灯用煤油
		质量标准	实测参数			
馏程	初馏点/℃	≤150	142	141	137	141
	10%馏出温度/℃	≤165	157	157	155	157
	50%馏出温度/℃	≤195	184	183	183	184
	90%馏出温度/℃	≤230	222	222	222	224
	98%馏出温度/℃	≤250	236	236	236	250
	残留及损失/%	≤2.0	1.80	1. 40	1.70	1.90
相对密度 d_4^{20}		≥0.775	—	—	—	—
酸度/mg		≤1.0	0.48	—	—	—
闪点/℃		≥28	34	32	28	34
20℃黏度/(mm²/s)		≥1.25	1.43	1.42	1.42	1.46
结晶点/℃		≤-50	-52	—	—	-52
胶质/(mg/100mL)		≤5	1.2	—	—	1.2

由表4-2可知，航空煤油掺入汽油后，闪点明显下降。当含量超过1%时，低于质量标准，航空煤油中灯用煤油超过3%时，其98%馏出温度超过质量标准。

如果已知A油中允许混入的B油浓度(用K_{ByA}表示)和A罐的实际容量V_{gA}，则A油罐中允许混入的B油量V_B可由下式计算：

$$V_B = V_{gA} \cdot K_{ByA} \tag{4-1}$$

类似可得B油罐中允许混入的A油量V_A可由下式计算：

$$V_A = V_{gB} \cdot K_{AyB} \tag{4-2}$$

2）混油段的切割浓度

在管道终点，假设在时间t_1时，从管道流出来的油流开始进入接收A油的储罐，此时管内充满A油，油流的浓度$K_A = 1$，$K_B = 0$。随着混油段到达终点，K_A逐渐减小K_B逐渐增大，到时间为t时，管道终点油流浓度为K_{At}及K_{Bt}，且$K_{At} + K_{Bt} = 1$，设管道流量为Q，则在dt时间内由管道进入A油罐的A油量为$QK_{At}\mathrm{d}t$，B油量为$QK_{Bt}\mathrm{d}t$；若到时间t_2时，油罐A被装满，流入A油罐的B油量恰好为A油罐中所允许的最大B油量V_B，调合后A罐内B油浓度为K_{ByA}，管道终点的油流浓度为K_{At_2}和K_{Bt_2}。K_{At_2}就是分割混油头的切割浓度，t_2为切割时间，此时必需转换油罐，将后来的混油纳入专门接收混油的油罐内。到t_3时刻，管道终点流出的混油中，大部分是B油，只掺有一小部分A油，若剩下的混油尾收入B油罐内的A油量，恰好是B油罐中所允许的最大A油量V_A，则时间t_3和相应的管道终点油流浓度K_{At_3}和K_{Bt_3}为混油尾的切割浓度。

K_{At_2}、K_{Bt_2}和K_{At_3}、K_{Bt_3}可根据V_A、V_B、管道流量和混油段的浓度分布，计算得到，具体方法参考相关文献。

3）混油的切割

混油切割的原则：

①“截头去尾，少留中间”的切割分输方式

② 不切除混油的分输方式：将混油直接下截到油库、前提条件是保证油品质量。

混油切割一般采用两段或三段切割。两段切割多用于成品油的同种油品不同牌号的混油段处理。种类不同的油品，其油品差别较大，混油的质量指标和纯净油品相差很远，一般采用三段切割(如图4-10所示)。将混油头切入前行的纯净油罐中，混油尾切入后行的纯净油罐中，中间一段切入专设的混油罐中，等待处理。

如上所述，三段切割方式是把管道终点浓度为K_{At_2}以前的油品切入A油储罐，$K_{At_2} \sim K_{At_3}$的混油段切入专门接收混油的储罐内，K_{At_3}以后的油品切入B油储罐中。

当所输的前后两种油品的性质较为接近，允许的混油浓度较高，或 A 油及 B 油的储罐容量较大，允许混入的另一种油品较多时，有可能将整个混油段分割为两部分。前段进 A 油储罐，后段进 B 油储罐，即两段切割方案。此时，$K_{At_3}>K_{At_2}$。

将混油段切割成两部分，收入两种纯净油品的储罐内，不仅使操作简单，混油损失降低，而且可以减少混油处理等一系列业务。因而在保证油品质量的前提下，应尽量采用把混油分割为两部分的切割方案。在制定切割方案时，一般总是往售价较高的油品中切入的混油量多些，以减少混油的贬值损失。

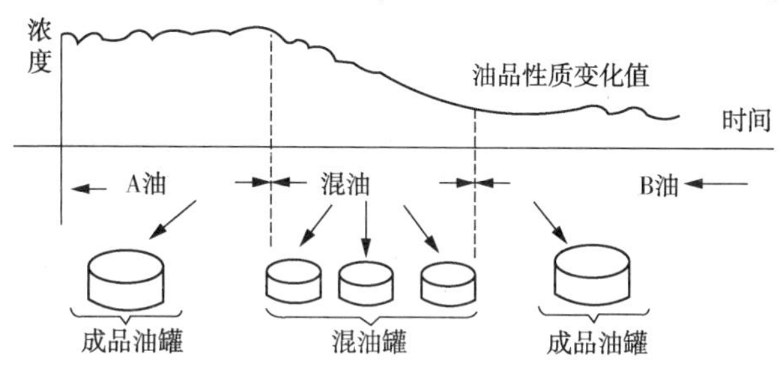

图 4-10　末站混油切割示意图

任务4.4　混油浓度检测及减少混油措施分析

4.4.1　混油浓度检测

在成品油的顺序输送中，必须及时掌握混油界面的准确位置。一方面可以用于指导流程的倒换，如当混油界面没到达时，中间站可采用“旁接罐”流程，当界面到达时，则需改用“泵到泵”或“越站”流程；另一方面在分输站，可将不同的油品准确切入不同的油罐；另外，由于不同的油品流经泵站时，对泵运行的影响较大，电机电流值波动较大，因此，若能及时掌握混油界面到达中间泵站的时间，并采取安全措施，对确保安全运行具有十分重要的意义。

目前，国内外输油管线用于输送不同油品的界面检测方法大致有以下几种：密度型、电容型(测介电常数)、放射型(射线吸收，放射性物质标记)、记号型(荧光剂、惰性气体、色素染料)、声波型、热导型(测流体导热性能)等。

1) 密度型界面检测方法

成品油混油的密度与各组成油品的密度及各自的浓度之间符合线性原则。混合油的密度与其组成有如下关系：

$$\rho_h = \rho_A K_A + \rho_B K_B \tag{4-3}$$
$$K_A + K_B = 1$$

因此：

$$K_A = \frac{\rho_h - \rho_B}{\rho_A - \rho_B};\ K_B = \frac{\rho_h - \rho_A}{\rho_B - \rho_A} \tag{4-4}$$

沿管道自动检测混油的密度，根据上式即可确定混油的浓度。目前比较新型的密度计是一种振动式密度计。其探针型结构的探头装在管道内部与油品接触，使其产生简谐运动，振动周期与浸没它的油品密度有关，故通过测量其振动周期即可检测油品的密度，从而确定混油的浓度及界面。图 4-11 为兰成渝管道成都站汽油-柴油界面的密度变化曲线。

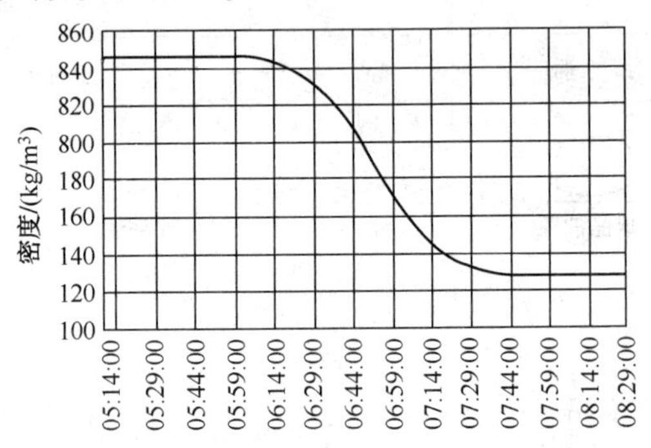

图 4-11　汽油-柴油界面的密度变化曲线

2）电容型检测方法

电容型界面检测方法利用电容电池测量电池两极板间流动介质的介电强度。将电容电池放入管线内部并充电，管体内流体的电容变化由该电池连续不断或定时进行检测，并自动记录在与时间有关的图表上，可准确地检测出各流体之间的界面是否已通过。

如美国从费城到克利夫兰的成品油管线，它是由直径 600mm、500mm、450mm 和 350mm 四段管线组成，总长 640km，分别输送 16 种油品。该管线使用的是电容型界面检测方法。每当批量油品接触面靠近和到达分输站和终点站时，电容分析器立即给出指示，操作人员能准确切割油品。

3）超声波型检测方法

超声波型界面检测方法利用油品密度与声速的关系来检测油品界面。声波在液体中的传播速度与液体的性质有关，油品的密度不同，声波的传播速度也不相同。例如：声波在常态的汽油中的传播速度为 1175~1190m/s，煤油中为 1320~1335m/s，柴油中为 1375~1390m/s。超声波检测仪利用这一原理，连续测量并记录超声波通过输油管的时间，来区分管内油流的品种和混油浓度。

1970 年国外研制出第一台用于成品油管线的超声波界面检测仪。最初的超声波界面检测仪没有压力与温度补偿，所设计的探头也未考虑到管内产生的瞬时压力。现在的超声波界面检测仪具有温度与压力自动补偿功能，由计算机控制，具有高度稳定的遥测技术系统，超声探头为可伸缩式，便于隔离球或清管器能顺利通过；固态型压力传感器探头，可防止管线内的瞬时压力对探头的破坏。

图 4-12 密度与声速关系图表明，从低端的乙烷、丙烷混合物到高端的燃料油，其密度和声速之间的关系近似是线性的。连续测量并记录声波通过输油管道的时间，就能确定管内油流的密度，从而分辨出油流的品种和混油浓度。

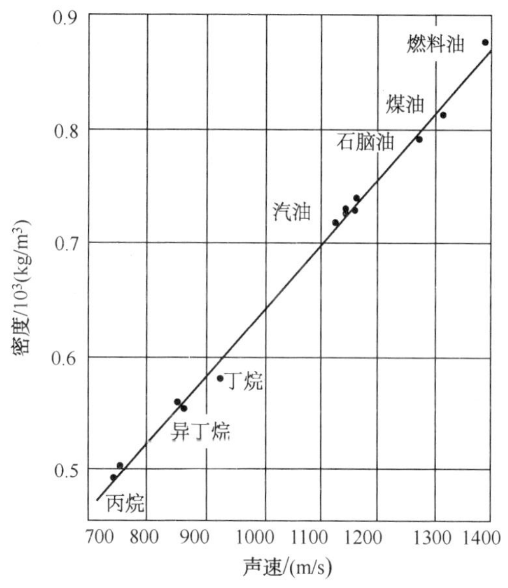

图 4-12 密度与声速关系图

4）记号型检测方法

该方法是将色素染料、荧光染料等溶解在与管输油品特性类似的有机溶剂中，从首站注入界面，在末站检测记号物质便可知混油段。由于色素染料在使用过程中会降低油品的商用价值，一般不常用，多用荧光染料和化学惰性气体为示踪物。

① 荧光记号方法 在顺序输送油品之间的界面中，注入作为记号物质的荧光剂，能吸收可见的紫外光波，并将紫外光转变为可见光波反射出来，反射的荧光强度与油品中荧光剂的浓度成正比。通过连续检测管内流动油品荧光强度的变

化，可检测混油界面。

荧光剂注入界面的时机直接影响界面检测的准确性。其注入方法大致分为三种情况：前端注入—在混油段之前注入，使后行油品质量不受混油影响；中间注入—在混油段中间注入，由于两种油品性质相接近，两种油品被切割后，其质量不受影响；末端注入—在混油段之后注入，使前行油品质量不受混油影响。

与煤油相混组成的荧光剂在油品中有很高的溶解度，即使管线停运荧光剂也会全部溶于油品中，并准确地提供混油段的位置，使用效果较好。美国帕兰特逊管道公司 1972 年在北卡罗纳州的格林斯伯勒至华盛顿的哥伦比亚特区的成品油管线上就使用了该荧光记号检测油品界面，取得了较好的效果。

② 气体记号方法　该检测方法是将无毒化学惰性气体注入管内油品界面之间作为记号物质。然后在分输站使用色谱仪自动采样分析示踪气体的浓度分布，以达到检测混油界面的目的。

目前，国外研制使用的气体是 SF_6，它不但符合质量要求而且价格便宜。SF_6 不受注入时机的影响，它可在泵前或泵后注入，其注入量一般为 2μg/g。与之相匹配的色谱仪必须连续自动采样并分析，才能准确无误地进行界面检测。

5）光学界面检测方法

光学界面检测是利用不同油品对光的折射率不同检测油品界面。兰成渝管道 2013 年曾试用美国 Kam Controls 公司的 KAM(OID)界面检测仪。试用表明，该仪器安装简单，维护方便，且对信号反应灵敏，可以用于两种汽油之间或其他油品之间的界面检测，该仪器对油品中的杂质非常敏感。美国科洛尼尔成品油管道也采用了此种仪器来进行界面检测。图 4-13 和图 4-14 是兰成渝管道应用时的实际曲线。它适于密度差很小的混油，如两种汽油，此时密度计精度可能不够。

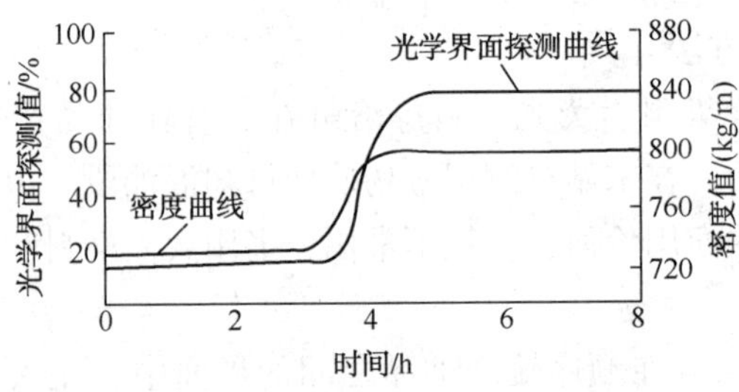

图 4-13　成都站柴油推汽油时界面曲线的变化图

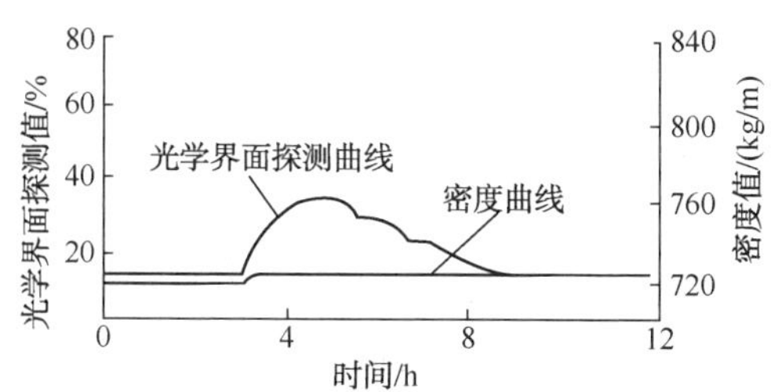

图 4-14　兰州首站两种汽油切换时界面及密度线的变化图

4.4.2　减少混油措施

两种油品交替输送时，为减少混油，可采取以下技术措施：

① 在保证操作要求的前提下，尽量采用最简单的流程，以减少基建投资与混油损失。工艺流程应做到盲、支管少，管路的扫线、放空没有死角；线路上应尽量少用管件，以减少可能积存的死油及增加混油的因素；转换油罐或管路的阀门，应安装在靠近干线处，并采用快速遥控的电动或液动阀门，在不产生水击的情况下开关时间越短越好，以减少切换油品时的初始混油。

② 顺序输送管道尽量不用副管，因为副管会增加混油，尤其当副管管径和干管不同时，由于副管和干管内液流的流速不同，在干管和副管的汇合处会造成激烈的混油。变径管也会使混油增加，但当输油管全线各管段输量存在较大差别时，变径管的使用是难以避免的。

③ 当管道沿线存在翻越点时，翻越点后自流管段内油品的不满流以及流速的陡增会造成混油，因而须采取措施尽可能消除不满流管段。

④ 确定输送次序时，应尽量选择性质相近的两种油品相互接触，以减少混油损失，简化混油处理工作。

⑤ 应尽量加大输量，流速大时，相对混油体积要小一些；

⑥ 最好不用停输，如果必须停输时，应尽量做好计划，使混油段停在平坦地段；若是高差起伏管道，应考虑油品输送顺序，尽量使停输时重油在下、轻油在上。

⑦ 在起点、终点、分油点、进油点储罐容量允许的前提下，尽量加大每种油品的一次输送量。

⑧ 混油头和混油尾应尽量收入大容量的纯净油品的储罐中，以减少进入混油罐的混油量。

4.4.3 混油的处理

处理混油的方法有两种：一是在保证油品质量标准要求的前提下，分批将混油掺入纯净油中销售，如在顺序输送汽油和柴油时，可把汽油浓度高的混油段接收在汽油混油储罐中，柴油浓度高的混油段接收在柴油混油的储罐中，将两种混油分别小批量地掺入汽油和柴油的纯净油中销售。这种方法用于混油程度较轻，且终点两种油品的销售量都较大的情况。

二是将混油就近输至炼油厂加工处理，若管道末站离炼油厂较远，也可在管道的末站设置常压分馏装置对混油进行分馏处理，这种方法适用于混油程度较重，或终点混合油品的纯净油销售量较小的情况。

以郑州站混油处理装置为例，混油处理的主要工艺流程(见图4-15)如下：混油经(原料油—柴油)换热器加热到指定温度后，送入精馏塔的进料板(第11层和13层)，在进料板上与自塔上部下降的回流液体汇合后，逐板溢流；到达塔底位置后，通过重沸炉循环泵送入重沸炉加热并返回塔釜，以形成上升蒸汽。在每层板上，回流液体与上升蒸汽互相接触，进行传质和传热。操作时，连续地从塔釜取出部分液体，通过柴油输送泵加压输送；冷却到常温后送入中间储罐。同时，塔釜的部分液体汽化，连续地产生上升蒸汽，依次通过各层塔板。塔顶蒸汽被全部冷凝后，进入到回流罐；通过塔顶回流泵加压输送，部分汽油送回至塔顶作为回流液体，其余部分进入到中间储罐。

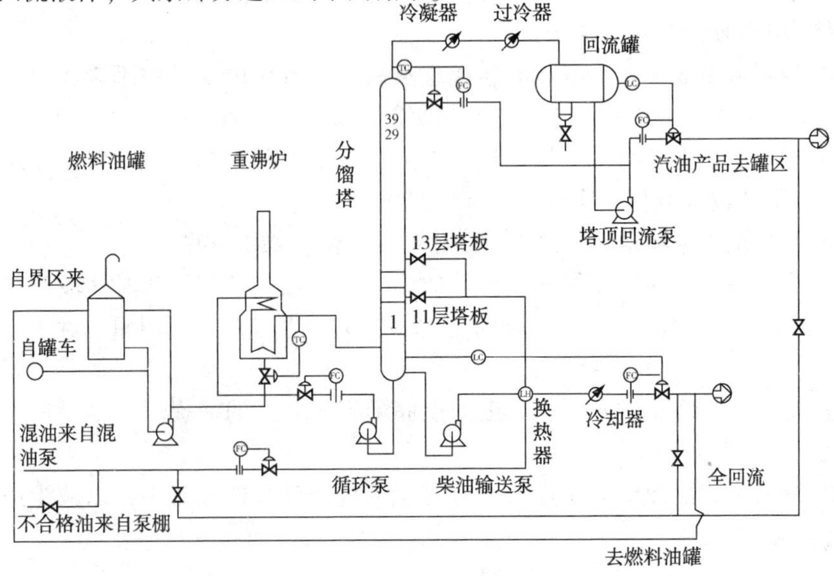

图4-15　混油工艺流程简图

任务4.5 顺序输送运行控制及方案确定

4.5.1 顺序输送运行控制对策

成品油管道在线路上设有多座输入站、泵站、分输站、减压站等不同功能的站场，油品切换频繁。管内常常同时存在若干种油品，由于各油品的黏度和密度不同，输量调节、中途分输或进油等。都会影响管道中油品的混油过程及运行工况。一般是通过有效地控制和调节管道沿线各种设备的工作状态来实现其安全高效运营。根据管道的地形、配泵、站场类型及上下游情况不同，通常有控制流量运行、控制压力运行、控制管道注油和卸油、控制减压站等措施。

1）控制流量运行

在顺序输送过程中，对于给定沿线分输站分输方案和减压站控制方案的管道系统，在满足泵站进出站压力约束及管道特殊点压力约束等条件下，首站利用调速电机或调节阀以控制流量为定值。对此必须保证管道所控制的流量低于该时间内任意时刻的管道最大输量，否则管道控制系统将根据各站的进出站压力和高低点压力约束进行调节，使管道流量发生变化，达不到控制流量为定值的目的。

2）控制压力运行

在顺序输送过程中，对于给定沿线分输站分输方案和减压站控制方案的管道系统，在满足泵站进出站压力约束及管道特殊点压力约束等条件下，首站以给定的出站压力运行。对此必须保证管道的控制压力值所对应的流量低于该时间段内任意时刻的管道最大压力，否则管道控制系统将根据各站的进出站压力和高低点压力约束进行调节，使管道沿线压力发生变化，达不到控制出站压力为定值的目的。

实际上，管道是一个自平衡系统，控制压力和控制流量可以达到同样的目的，只是管道运行过程中由于混油段的运移，控制压力或控制流量时管道表现出的运行参数变化不同。对于顺序输送管道，最理想的运行控制模式是首站和减压站及末站以压力控制，其他站位保护性控制(只有进站压力偏低或出站压力超高才进行控制)，这需要通过优化运行软件来确定首站、减压站及末站的分时段设值。

3）控制管道注油和泄油

成品油顺序输送管道输送中途经常有多点分输和进油，必须根据输送的实际情况确定合理的分输方案。在进行沿线分输和注油控制中应考虑管道的动态特性和所产生的压力波动，对于进出量比较大的站可以考虑阶梯操作控制方法。至于改变分输流量给定值的时间间隔和分输流量定值台阶的大小，将根据不同的正常分输流量给定值和全线各分输站的分输情况，通过动态模拟计算来决定，主要是保证不产生较大的压力和流量波动。

4）控制减压站

减压站的控制过程依赖于它的工艺流程，控制方式要适应一定的工艺条件。根据工艺要求，减压站除控制本质的进站压力外，还应控制减压站前高点的压力，这样，通过减压站前高点的压力检测信号改变减压站进出站压力定值来保证管道高点压力不低于最低允许压力，又能够保证没有多余的节流损失。

4.5.2 顺序输送运行方案确定

顺序输送管道的输送次序、循环次数对混油量的多少、管道运行效益的高低等有较大影响，故运行方案确定首先需要考虑输送次序安排、循环次数确定以及保证油品质量。

1）输送次序的安排

在顺序输送管道中，为减少混油损失，通常情况下，按照油品的物理化学性质相接近的程度来安排输送次序，例如管道输送汽油、煤油、柴油三种油品时，其输送次序为：汽油—煤油—柴油—柴油—汽油。一般而言，若管道输送 m 种油品，按照油品性质相接近的程度安排输送次序。世界著名的科洛尼尔成品油管道油品排列顺序为：优质汽油——般汽油—透平燃料—煤油—家用燃料—轻柴油—不含铅汽油—轻柴油—家用燃料—煤油—透平燃料——般汽油—优质汽油；

2）循环次数的确定

完成一个预定的排列次序称为完成了一个循环，所需的时间称为循环周期，一年内完成的循环周期数称为循环次数。顺序输送管道的循环次数越少，每一种油品的一次输送量越大，则管道内形成的混油段和混油损失亦随之减少。但另一方面，油品的生产和消费通常是均衡进行的，各种油品每天都在生产和消费，顺序输送管道对每一种油品来讲是间歇输送。循环次数越少，就需要在管道的起、络点以及沿线的分油点和进油点建造较大容量的储罐区来平衡生产、消费和输送之间的不平衡，油罐区的建造和经营维修费用就要增加。因此，应从建造、经营油罐区的费用和混油的贬值损失两方面综合考虑，确定最优循坏次数。

3）保证油品质量

合理安排的管道油品顺序是保证油品质量的基本条件，对于像喷气燃料这样的特殊油品必须分隔清楚。交油的油品质量应与输入时油品质量一致。有些油品时允许几个委托者的输入相混合的，例如煤油。油品的混油界面可做如下处理：高级汽油和粗汽油之间的界面可以切割到一定的范围，但不降级；粗汽油与煤油之间的界面可以直接切割到混油罐；煤油与燃料油之间的界面可以部分切入燃料油；燃料油与柴油之间的界面可以部分切入燃料油；柴油与煤油之间的界面可以部分切入柴油。

油品产生降低的界面在煤油与汽油和煤油与燃料油之间，这种界面的混油将构成运行的损失，可收集到管道的终点站的混油罐中，以低价售给炼油厂重新加工；不宜用掺和稀释的办法处理。

思考题

1. 简述成品油顺序输送管道特点。
2. 简述混油机理及混油过程。
3. 简述顺序输送管道混油量的影响因素。
4. 分析管道运行中减少混油量措施。
5. 简述顺序输送中如何确定油品输送顺序。
6. 简述顺序输送管道中混油切割方法。
7. 简述混油浓度检测方法。

模块5　天然气管道输送

【模块描述】

天然气管道主要包括三大管网：油气田集气管网、输气干线管网、城市配气管网。本模块主要介绍输气干线管网。油气田集气管网及城市配气管网将在其他课程中论述。本模块主要包括九大任务，通过这九大任务学习，学生会对天然气管道有一定的认识，并且掌握基本的操作技能。

【知识目标】

- 掌握天然气长输管道组成；
- 掌握输气管道的水力及热力特性；
- 掌握压缩机的工作特性；
- 了解输气站平面布置原则；
- 掌握首站、中间站、末站工艺流程；
- 掌握输气管道工况调节方法；
- 掌握清管器的结构特点及其应用要点；
- 了解天然气储运新技术新工艺。

【能力目标】

- 能在实际工程应用进行水力与热力计算；
- 能进行压缩机简单故障的排除；
- 能进行压缩机站与输气管道联合工作的简单求解；
- 能正确识读输气站工艺流程图；
- 能正确绘制输气站工艺流程图；
- 能进行输气管道工况的调节；
- 能进行输气管道清管作业以及常见事故处理；
- 能进行输气管道初步设计。

【素质目标】

- 能将所学理论知识与生产实践有机结合；

- 具有通过工具查找资料、获取有效信息的能力；
- 具有团队合作意识、安全意识、吃苦耐劳意识。

众所周知，天然气生产主要包括五大环节：采(集)、净、输、储、配。大宗天然气的输送方法一般分为两种，一是用管道输送，二是将天然气液化后用专用的油轮运输。与输油不同，天然气的管道输送必然是上下游一体化的，开采、收集、处理、运输和分配是在统一的连续密闭的系统中进行的。天然气管道输送具有三大特点：a. 三大管网系统组成一个统一的、连续的、密闭的输气系统；b. 可以利用地层压力；c. 输气管道末段具有较大的储气能力。

任务 5.1 天然气长输管道组成分析

5.1.1 天然气长输管道系统的组成

天然气长输管道系统的总流程见图 5-1。它的构成一般包括输气干管、首站、压气站、中间气体分输站、干线截断阀室、中间气体接收站、清管站、末站(或称城市门站)及辅助系统(通信系统和仪表自动化系统)等。

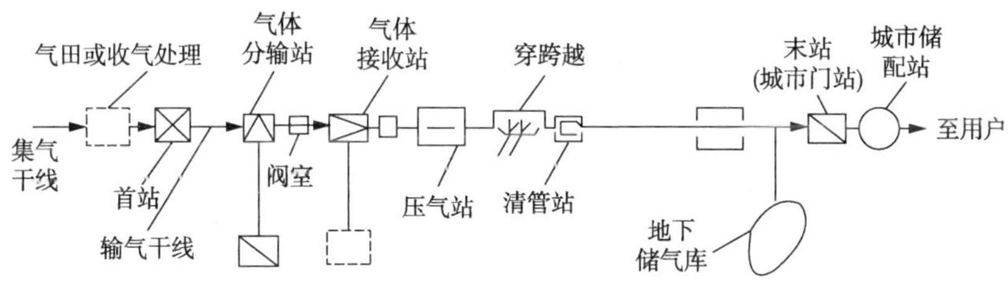

图 5-1 天然气长输管道系统构成图

1）首站

输气干线首站主要是对进入干线的气体进行质量检测控制并计量，同时具有分离、调压和清管球发送功能。

2）中间分输站

输气管道中间分输(或进气)站功能和首站差不多，主要是给沿线城镇供气(或接收其它支线与气源来气)。

3）压气站

压气站是为提高输气压力而设的中间接力站(如图 5-2 所示)，它由动力设备和辅助系统组成。

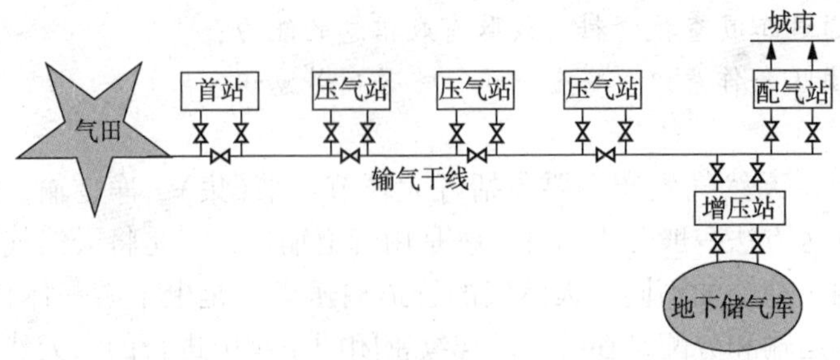

图 5-2　输气管道沿线压气站分布示意图

4）清管站

清管站通常和其他站场合建，清管的目的是定期清除管道中的杂物，如水、机械杂质和铁锈等。清管站除有清管器收发功能外，还设有分离器及排污装置。由于清管作业时间和清管运行速度的限制，两个清管器收发筒之间距离不能太长，一般在 100~150km 左右，因此在没有与其他站合建的可能时，需建立单独的清管站。

5）末站

输气管道末站通常和城市门站合建，除具有一般站场的分离、调压和计量功能外，还要给各类用户配气。为防止大用户用气的过度波动而影响整个系统的稳定，有时装有限流装置。

6）地下储气库

为了调峰的需要，输气干线有时也与地下储气库或储配站连接，构成输气管线系统的一部分。与地下储气库的连接，通常都需建一压缩机站，用气低谷时把干线气压入地下储气库，高峰时抽取库内气体压入干线，如果地下储存的天然气受地下环境的污染，必须重新进行净化处理后方能进入压缩机。

7）干线截断阀室

干线截断阀室是为了及时进行事故抢修、检修而设。根据线路所在地区的类别，每隔一定距离进行 20~30km 设置。以一级地区为主的管段不宜大于 32km；以二级地区为主的管段不宜大于 24km；以三级地区为主的管段不宜大于 16km；以四级地区为主的管段不宜大于 8km。

8）通信系统

输气管道的通信系统通常又作为自控的数传通道，分为有线(架空明线、电缆、光纤)和无线(微波、卫星)两大类，它是输气管道系统进行日常管理、生产调度、事故抢修等必不可少的部分，也是安全、可靠和平稳输气的保证。

5.1.2　管输天然气质量要求

天然气中往往含有硫化氢、二氧化碳、游离水、凝液以及机械粉尘等成分。

为了保证生产和利用的安全，规定了天然气中有害组分的最高允许含量。

(1) 我国《输气管道工程设计规范》(GB 50251—2015)中规定管输天然气质量要求：

① 进入输气管道的气体必须清除其中的机械杂质；

② 水露点应低于输气条件下最低环境温度5℃；

③ 烃露点应低于或等于最低环境温度；

④ 气体中硫化氢含量不大于20mg/m³；

⑤ 二氧化碳含量不应大于3%；

⑥ 如输送不符合上述质量的气体，必须采取相应的保护措施。

(2) 我国石油工业标准《天然气》(GB 17820—2012)中规定商品天然气质量要求，见表5-1，国外管输天然气质量要求见表5-2。由两表可知国内外一般都要求管输天然气无游离水，无杂质，酸气含量低，有较高热值。其中我国管输天然气需达到二类气标准。

表5-1 天然气技术指标(GB 17820—2012)

项目		一类	二类	三类
高位发热量/(MJ/m³)	≥	36.0	31.4	31.4
高硫含量(以硫计)/(mg/m³)	≤	60	200	350
硫化氢含量/(mg/m³)	≤	6	20	350
二氧化碳百分比/%	≤	2.0	3.0	—
水露点/℃		在交接点压力下，水露点应比输送条件最低环境温度低5℃		
烃露点/℃		在最高操作压力下，烃露点应不高于最低输送环境温度		

表5-2 国外管输天然气气质要求

国别	英国	荷兰	法国	美国
硫化氢/(mg/m³)	5	5	7	5.7
硫醇硫/(mg/m³)	6/16①	15	16.9	11.5
总硫/(mg/m³)	120/150②	150	150	22.9
二氧化碳/%(mol)	2	1.5	3	—③
氧气/%(mol)	0.5/3②	0.5	0.5	—③
水露点/℃/含量(mg/m³)	管线压力下的地面温度	-10/	/55	/110
烃露点/℃	管线压力下的地面温度	-5/	—	—

注：① 线下为短期容许值；

② 线上为湿分配管、线下为干分配管容许值；

③ 美国气体协会(AGA)对其他气体的要求是：对输送及利用无有害影响。

任务5.2 输气管道的水力特性及应用

输气管道水力特性是指输气管道的流量与压力之间的关系。为了便于分析讨论，假设：①气体在管道中的流动过程为等温过程，即温度不变，T=常数。②气体在管道中作稳定流动，即在管道的任一截面上，其流动参数不随时间变化。

5.2.1 稳定流动的气体管流基本方程

根据稳定流动的假设，运动方程可整理为：

$$-\frac{\mathrm{d}P}{\rho}=\lambda\frac{\mathrm{d}x\omega^2}{D\ 2}+g\mathrm{d}s+\frac{\mathrm{d}\omega^2}{2} \tag{5-1}$$

上式说明管道的压降由三部分组成：消耗于摩阻的压降、气体上升克服高程的压降和流速增大引起的压降。该式即为稳定流动的气体管流的基本方程，也是推导输气管道水力计算基本公式的基础。

5.2.2 输气管道的基本公式

1）水平输气管道的基本公式

所谓水平输气管道，是指地形起伏高差小于200m的管道。这种管道由于高差所引起的压降在式(5-1)中所占的比例很小，并不足以影响输气管道水力计算的准确性，故可忽略不计，式(5-1)可改为：

$$-\frac{\mathrm{d}P}{\rho}=\lambda\frac{\mathrm{d}x\omega^2}{D\ 2}+\frac{\mathrm{d}\omega^2}{2} \tag{5-2}$$

式中有P、ρ、ω三个变量，可利用连续性方程和气体状态方程共同求解。通过积分得：

$$M=\frac{\pi}{4}\sqrt{\frac{(P_Q^2-P_Z^2)D^2}{ZRT\left(\lambda\frac{L}{D}+2\ln\frac{P_Q}{P_Z}\right)}} \tag{5-3}$$

式中 M——输气管质量流量，kg/s；

D——输气管内径，m；

P_Q、P_Z——输气管起、终点压力，MPa；

λ——水力摩擦系数，无因次；

Z——气体压缩因子，无因次；

R——气体常数，$m^2/(s^2\cdot K)$；

T——输气温度，K；

L——管长，m。

上式中，$2\ln\frac{P_Q}{P_Z}$一项表示随着压力下降，流速增加对流量的影响，对长距离管道而言，$2\ln\frac{P_Q}{P_Z}$与$\lambda\frac{L}{D}$相比很小，可以忽略。相反，距离短、压降大的管道则必须考虑。故对长输管道而言，上式可简化为：

$$M=\frac{\pi}{4}\sqrt{\frac{(P_Q^2-P_Z^2)D^5}{\lambda ZRTL}} \tag{5-4}$$

设计和生产中通常采用工程标准状况 $P=1.01325\times10^5$ Pa，$T=293.5$K 下的体积流量，因而需要把质量流量换算成工程标准状况下的体积流量 Q。

$$Q=\frac{M}{\rho_0} \tag{5-5}$$

ρ_0 为标况下气体密度

$$\rho_0=\frac{P_0}{Z_0RT_0}=\frac{P_0}{RT_0}$$

$$\frac{R}{R_a}=\frac{\rho_a}{\rho}=\frac{1}{\Delta^*}\quad\left(令\frac{\rho}{\rho_a=\Delta^*}\right)$$

$$R=\frac{R_a}{\Delta^*}\quad \rho_0=\frac{P_0\Delta^*}{R_aT_0}$$

代入式(5-4)、式(5-5)可得式(5-6)

$$Q=C_0\sqrt{\frac{(P_Q^2-P_Z^2)D^5}{\lambda Z\Delta^* TL}}\quad\left(令\frac{\rho}{\rho_a}=\Delta^*\right) \tag{5-6}$$

$$C_0=\frac{\pi}{4}\frac{\sqrt{R_a}T_0}{P_0}$$

式中 C_0的数值随各参数所选单位而定，如表 5-3 所示。

表 5-3　C_0的数值

参数的单位				C_0
压力 P	长度 L	管径 D	流量 Q	
Pa(N/m^2)	m	m	m^3/s	0.03848
kgf/cm^2	km	mm	Mm^3/d	0.326×10^{-6}
10^5Pa	km	mm	Mm^3/d	0.332×10^{-6}
kgf/m^2	m	m	m^3/s	0.337
kgf/cm^2	km	cm	m^3/d	103.15

2）地形起伏地区输气管的流量基本公式

当输气管道沿线地形起伏高于或低于起点高程 200m 以上的地段时，应考虑管道起终点高差和沿线地形起伏对输气管道输送能力的影响，否则将引起较大的误差。

设长度为 L 的输气管道，沿线高程变化如图 5-3 所示，计算时可把管道看成是由不同坡度相连的直管段组成，每一直管段的起点和终点就是线路上标高相差较大的特征点，特征点之间的地形微小起伏则予以忽略。设各直管段的长度分别为 $l_i(l_1, l_2, \cdots, l_Z)$，各点的压力为 $P_Q(P_1, P_2, \cdots, P_Z)$，各点的高程为 $h_Q(h_1, h_2, \cdots, h_Z)$。并设起点高程 $h_Q=0$，对于各种不同坡度的直管段，如果均忽略气体流速增大的影响，则类似可推导得地形起伏地区输气管道的流量基本公式为：

$$Q=C_0\sqrt{\frac{[P_Q^2-P_Z^2(1+ah_Z)]D^5}{\lambda Z\Delta^* TL\left[1+\frac{a}{2L}\sum_{i=1}^{Z}(h_i+h_{i-1})l_i\right]}} \tag{5-7}$$

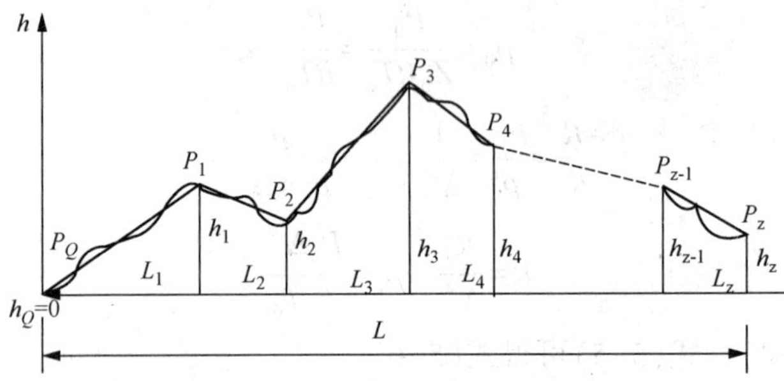

图 5-3　地形起伏地区输气管的计算简图

由式(5-7)与式(5-6)比较可以看出：分子上多了一项$(1+ah_Z)$，表示管道终点与起点的高程差对输送能力的影响。终点比起点的位置越高，h_Z越大，则输气能力越低，反之亦然。分母中多了一项$\left[1+\frac{a}{2L}\sum_{i=1}^{Z}(h_i+h_{i-1})l_i\right]$，是考虑管道沿线中间各特征点相对高程对输气能力的影响，亦即沿线地形起伏对输气能力的影响。由此可见，不仅终点与起点的高差影响输气管道的能量损失，而且沿线地形也影响输气管道的能量损失，这种现象可解释为：由于输气管道沿线压力的变化，气体的密度也随之变化，压力高，密度大；压力低，密度小。因此消耗于克服上坡管段的能量损失不能被在下坡管段中气体获得的位能所补偿。

5.2.3　输气管道参数对流量的影响

前面分析了地形对输气管道流量的影响，现在来分析输气管道的基本参数

D、T、L、P_Q和P_Z对输气流量Q的影响。

1）管径D的影响

当其他条件相同时，根据式(5-6)有：

$$\frac{Q_1}{Q_2}=\left(\frac{D_1}{D_2}\right)^{2.5} \tag{5-8}$$

即输气管道的流量与直径的2.5次方成正比，若管径增大一倍，$D_2=2D_1$，则流量变为原来的5.66倍，即

$$Q_2=2^{2.5}Q_1=5.66Q_1 \tag{5-9}$$

由此可见，加大直径是增加输气管道流量的主要办法，这也就是输气管道向大口径方向发展的主要原因。

2）长度L的影响

当其他条件相同而L改变时，根据式(5-6)有：

$$\frac{Q_1}{Q_2}=\left(\frac{L_2}{L_1}\right)^{0.5} \tag{5-10}$$

即输气量与计算长度的0.5次方成反比。若管道长度缩小一半，例如在两个压缩机站间增加一座压缩机站$L_2=L_1/2$，则流量：

$$Q_2=\sqrt{2}Q_1=1.414Q_1 \tag{5-11}$$

即倍增压缩机站，流量可增加41.4%。

3）温度T的影响

当其他条件相同而T改变时，根据式(5-6)有：

$$\frac{Q_1}{Q_2}=\left(\frac{T_2}{T_1}\right)^{0.5} \tag{5-12}$$

即输气管道的流量与绝对温度的0.5次方成反比，也就是说，输气管道中气体的温度越低，输气量就越大。因此，冷却气体也是增加输气管道输量的措施之一。但是，因T是以绝对温度表示的气体平均温度，即$T=273.5+t$，摄氏温度t与T相比，其值较小，故用冷却气体温度来增加输量的效果并不显著(除非深度冷却或冷至液化并辅以高压)。

例如，若输气温度由50℃降到-70℃，即$T_1=50$℃，$T_2=-70$℃，则

$$Q_2=\left(\frac{273+50}{273-70}\right)^{0.5}Q_1=1.26Q_1$$

则流量只提高26%，因此实际输气中是否采用冷却措施必须经过经济论证。

4）起终点压力的影响

输气量与管道起终点压力平方差的0.5次方成正比。提高起点压力或降低终

点压力，都能增加管道的输气量，但效果不同。

若提高起点压力或降低终点压力相同幅度ΔP，压力平方差为：

$$(P_Q+\Delta P)^2-P_Z=P_Q^2+2P_Q\Delta P+\Delta P^2-P_Z^2 \tag{5-13}$$

$$P_Q^2-(P_Z-\Delta P)^2=P_Q^2+2P_Z\Delta P-\Delta P^2-P_Z^2 \tag{5-14}$$

两式相减得：

$$2\Delta P(P_Q-P_Z)+2\Delta P^2=2\Delta P(P_Q+\Delta P-P_Z)>0 \tag{5-15}$$

因此，改变相同幅度的情况下，提高起点压力 P_Q后的压力平方差大于降低终点压力后的压力平方差，这说明要增加流量，提高起点压力比降低终点压力效果明显，也即高压输气比低压输气更有利。

5.2.4　输气管道压力分布和平均压力

1）输气管道压力分布

如图 5-4 所示，设输气管长为 L，起点压力为 P_Q，终点压力为 P_Z。在距起点为 x 的 B 点处压力为 P_x。

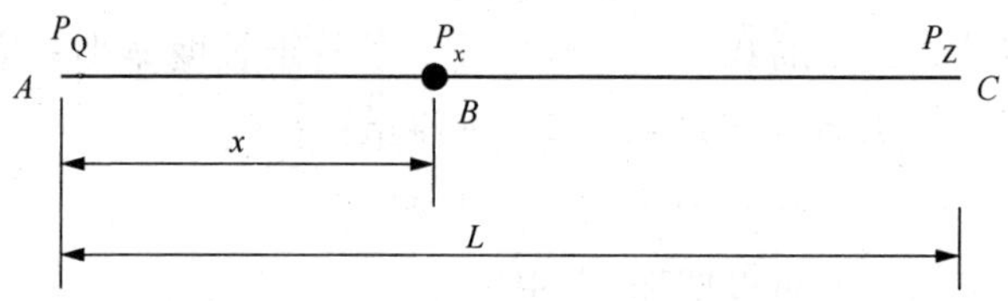

图 5-4　输气管沿线任一点压力示意图

根据流量基本公式，列出 AB 和 BC 段的流量计算式分别为：

$$AB\text{ 段：}Q=C_0\sqrt{\frac{(P_Q^2-P_x^2)D^5}{\lambda Z\Delta Tx}} \tag{5-16}$$

$$BC\text{ 段：}Q=C_0\sqrt{\frac{(P_x^2-P_Z^2)D^5}{\lambda Z\Delta T(L-x)}} \tag{5-17}$$

流量相等，故：

$$\frac{P_Q^2-P_x^2}{x}=\frac{P_x^2-P_Z^2}{L-x} \tag{5-18}$$

即：

$$P_x=\sqrt{P_Q^2-(P_Q^2-P_Z^2)\frac{x}{L}} \tag{5-19}$$

用不同的 x 值代入上式得不同的 P_x值。若以 P 和 x 为纵、横坐标，把求得的 x、P_x对应关系标于坐标图上，可得输气管沿线的压力分布曲线。

如图 5-5 所示，压力 P_x 与 x 的关系为一抛物线。靠近起点处单位长度上的压降较慢，距起点越远，压降越快。在前 3/4 管长的管段上，压力损失约占管路压降的一半，另一半消耗于后面的 1/4 管长的管段上。这是由于随着管路内气体压力下降，气体体积增大，流速增大，摩阻损失也随之增加。由此可知，在其他条件类似情况下，提高输气管压力可节省输气能耗。输气管道压缩机站站间终点压力不能降得太低，否则是不经济的，因为其能量损失较大，也就是说输气管道站间终点压力应保持较高的数值才是经济合理的，如前苏联一般取 $P_Q=5.5\sim7.5$MPa，而 $P_Z=2.5\sim4$MPa。

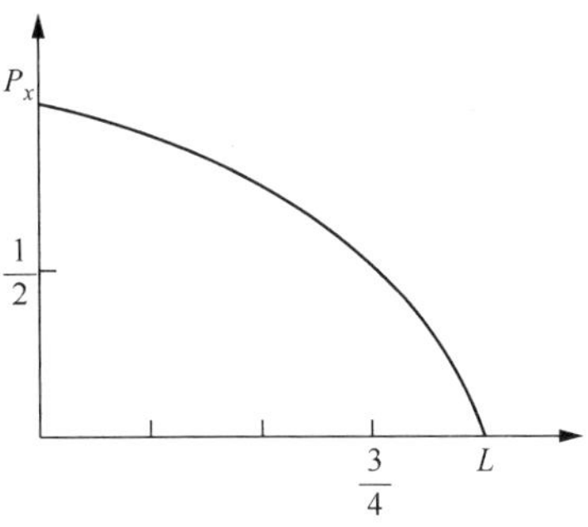

图 5-5　输气管道压降曲线

2）输气管道平均压力

输气管道停止输气时，管内压力并不像输油管道那样立刻消失，而是高压端的气体逐渐流向低压端，使起点压力逐渐下降，终点压力逐渐上升，最后全线达到某一压力值 P_{pj}，即平均压力。平均压力可由输气管沿线压力分布曲线与纵、横坐标轴所围面积除以管长求得，即：

$$P_{pj}=\frac{1}{L}\int_0^L P_x dl \tag{5-20}$$

将式(5-19)代入上式，积分得平均压力的计算式为：

$$P_{pj}=\frac{2}{3}\left(P_Q+\frac{P_Z^2}{P_Q+P_Z}\right) \tag{5-21}$$

利用平均压力可求输气管道内天然气的压缩因子 Z 和储气量，此外，为设计选管提供依据，对输气管道来说，只有在管内压力大于平均压力 P_{pj} 的管段上才能采用等强度管，即输气管道最小壁厚所能承受的压力不能小于 P_{pj}，这是出于对输气管道的压力平衡现象的考虑。

任务 5.3　输气管道的热力特性及应用

在上节分析输气管道水力特性时，作了两个假设，实际上除了压力、流速沿线变化外，其温度也将发生变化，从而影响气体的热物性参数和运动参数。实际应用表明，当沿线温度变化不是很大时，采用等温输送假设进行水力计算是可行的。不论是气田的地层温度，或是压缩机的出口温度，或是从净化厂出来的气体温度，一般都超过输气管道埋深处的土壤温度。因此气体在管道内流动过程中，温度逐渐降低，在管道末段趋近于甚至低于周围介质温度。但当沿线温度变化较大时，必须进行热力计算，获得输气管道沿线的温度分布及其平均温度，用以确定输气管水力计算参数 T 和 Z，并为判断输气管内能否产生水合物提供依据。

5.3.1 输气管道的温度分布

管道中气流温度的变化，取决于气流运动的物理条件和与周围的热交换条件。气流运动和热交换的关系可用热力学第一定律和能量方程来表示，联合求解可得管道沿线任一点的气流温度：

$$T_x = T_0 + (T_Q - T_0)e^{-ax} - D_i \frac{p_Q - p_Z}{aL}(1 - e^{ax}) \tag{5-22}$$

$$a = \frac{K\pi D}{Gc_p}$$

式中 T_Q——管路起点温度,℃；

T_0——管路周围介质自然温度,℃；

K——总传热系数，W/(m²·℃)；

D——管外径，m；

G——气体质量流量，kg/s；

c_p——气体定压比热容，J/(kg·℃)；

L——管长，m；

D_i——焦耳-汤姆逊效应系数,℃/Pa；

p_Q、p_Z——管路起、终点压力，Pa。

式(5-22)中最后一项考虑了气体压力降低伴随的温度降低，即焦耳-汤姆逊效应所引起的温降，计算中 D_i 可取 2.5~3℃/MPa。若忽略该项，式(5-22)即为著名的苏霍夫公式：

$$T_x = T_0 + (T_Q - T_0)e^{-ax} \tag{5-23}$$

利用苏霍夫公式通过简单的公式变换，易求得如下参数：①输气管上温度与周围介质温度 T_0 相同时的点距起点的距离；②终点温度；③起点温度；④沿线任意各点温度。

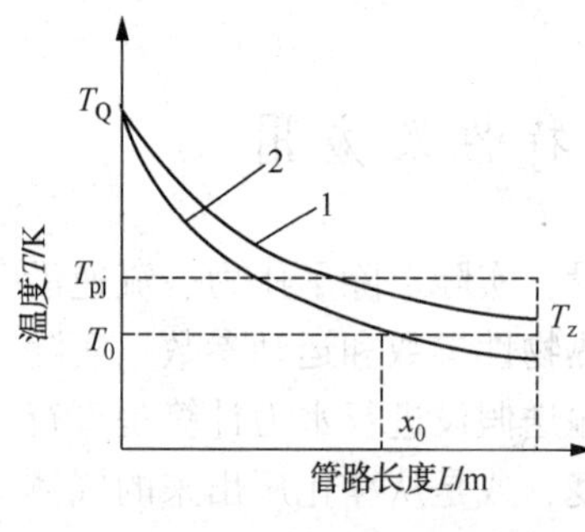

图 5-6 管道温降曲线

1—输油管道；2—输气管道

输气管道温降规律可用图形表示，如图 5-6 所示温降曲线。该曲线与热油管温降曲线的主要区别在于：

① 由于气体密度远小于原油密度，与同径的

输油管相比，气管的质量流量仅为油管的 1/3～1/4，而油和气的比热容(按单位质量计)相差不大，故在其他条件相同时，输气管的 a 值大得多，沿线温降比输油管快，温降曲线较陡；

② 由于焦耳-汤姆逊效应，输气管的温度可能低于周围介质温度。

5.3.2 输气管平均温度

平均温度是水力计算的主要参效之一。

用与求输气管平均压力相同的方法，求得输气管的平均温度为：

$$T_{pj}=T_0+(T_Q-T_0)\frac{1-e^{-aL}}{aL}-D_i\frac{p_Q-p_Z}{aL}\left[1-\frac{1}{aL}(1-e^{-aL})\right] \tag{5-24}$$

若忽略焦耳-汤姆逊效应，则：

$$T_{pj}=T_0+(T_Q-T_0)\frac{1-e^{-aL}}{aL} \tag{5-25}$$

分析可知，T_0越高，T_{pj}也越高，输气管流量越小($T_0\uparrow\rightarrow T_{pj}\uparrow\rightarrow Q\downarrow$)。因此设计输气管道时，应选择夏季的 T_0进行水力计算。

5.3.3 水合物的形成条件及预测

1）水合物形成条件

形成水合物需要三个条件：一是天然气中含有足够的水分；二是有足够高的压力和足够低的温度；三是气体处于脉动、紊流等激烈扰动之中，并有结晶中心存在。这三个条件中，前两个是内在的、主要的，最后一个是外部的、次要的。

水合物形成的临界温度是可能存在的最高温度，高于此温度，不论压力多高，都不会形成水合物，气体产生水合物的临界温度如表 5-4 所示。

表 5-4 气体生成水合物的临界温度

名 称	CH_4	C_2H_6	C_3H_8	iC_4H_{10}	nC_4H_{10}	CO_2	H_2S
形成水合物临界温度/℃	21.5	14.5	5.5	2.5	1	10.0	29.0

2）水合物形成条件预测

图 5-7 是预测形成水合物的压力-温度曲线。已知天然气的相对密度，可由该图查出天然气在一定压力条件下形成水合物的最高温度，或在一定温度条件下形成水合物的最低压力。当天然气的相对密度在图示曲线之间时，可用线性内插法求算形成水合物的压力或温度。

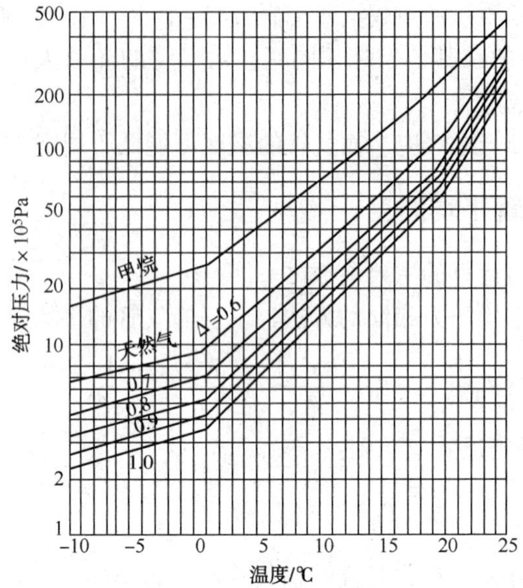

图 5-7　预测形成水合物的压力-温度曲线

3）预防和消除水合物的措施

通过消除水合物三个形成条件之一，即可有效去掉水合物，矿场上主要有三种措施：

一是添加水合物抑制剂(防冻剂)。主要即可以用于防止水合物生成，也可用于消除已形成的水合物。常用抑制剂有甲醇、乙二醇、二甘醇、三甘醇。水合物抑制剂与液态水混合可降低水合物的形成温度；另外，水合物抑制剂可吸附天然气中一部分水蒸气。

二是加热。分输调压设备本身一般有加热装置，如果加热装置功能达不到需求，还可以加装伴热带，主要适合于节流调压装置，对干线输气管道一般不采用。可通过从管外部局部加热来消除水合物堵塞，但局部加热温度不能太高，以免产生过大的热应力而对管道造成损害。对分输站场简便易行的办法就是在管线冰堵处喷淋热水。

三是降压。降低天然气的水合物形成温度及水蒸气分压。降压一般只适用于局部化解水合物，不便于在长输管道上实现。因为天然气放空可能引发安全、环境问题，并直接导致天然气损失，故通常在截断阀室放空降压。

此外，加强设备的维护和保养，对关键设备和易存水的部位进行定期排污；从源头上保证进入管线的天然气含水量合乎要求；采取清管措施等等均可以有效抑制水合物产生。

任务5.4 压缩机站与输气管道的联合工作

与输油干线相似，长距离输气管道由管路和压缩机站两部分组成，气体沿管道流动，需要消耗一定的能量，压缩机站的任务就是提供一定的能量，将天然气安全、经济地输送到终点。

输气管道的工艺计算是为了妥善解决沿线管内流体的能量消耗与压缩机站能量供应之间的矛盾，以达到安全经济地完成输送任务的目的。即在管道设计过程中通过工艺计算，确定管径、压缩机及组合方式、确定压气站数及其布站位置的最优组合方案，并为管道采用的控制和保护措施提供参数依据。在管道运行过程中，根据输送条件的变化，通过工艺计算合理确定各站运行参数，从而确定最优运行方案。为此，必须首先了解输气管道和压缩机站各自的工作特性，即能量消耗和能量供应规律，在此基础上研究两者的联合工作，从而明确整个管线系统的工作状况。

5.4.1 输气管道的工作特性

输气管道的工作特性指的是管道压力降落与流量之间的关系。可以用图形表示称为特性曲线，用方程表示称为特性方程。

输气管道的特性方程可以由输气管道流量基本公式得到。

根据式(5-6)可得：

$$P_{\mathrm{Q}}^2=P_{\mathrm{Z}}^2+ClQ^2 \qquad (5-26)$$

$$C=\frac{\lambda Z\Delta^* T}{C_0^2D^5}$$

上式即为输气管的特性方程，式中各符号意义同式(5-6)。若用图5-8表示，横坐标表示流量，纵坐标表示管线起点压力，则该曲线为输气管道特性曲线。

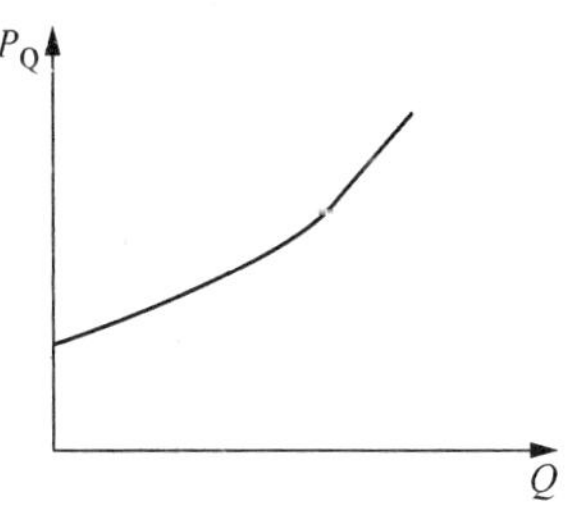

图5-8 输气管道特性曲线

5.4.2 压缩机站的工作特性

1）压缩机的主要类型

压缩机主要有三类(如表5-5所示)：活塞式压缩机、螺杆式压缩机、离心式压缩机。

活塞式压缩机输出压力波动较大，目前主要在CNG加气站使用。由于转速低，一般采用电动机或天然气发动机驱动。

螺杆式压缩机的排量较小，目前主要在制冷工业、天然气集输和加工工业上使用。一般采用电动机驱动。

离心式压缩机具有排量大、输出稳定、运行平稳、功率大等优点，在长输管道上得到了广泛应用。离心式压缩机制造工艺复杂，目前国内无法生产，西气东输工程采用的是 GE 公司生产的压缩机组。

表 5-5 三类压缩机对比表

类 别	适用范围	优缺点
活塞式压缩机	流量<300m^3/min	压缩比高、输出压力波动大
螺杆式压缩机	流量 5~850m^3/min	流量可调范围宽、操作平稳
离心式压缩机	流量 14~6660m^3/min	排量大，运转平稳、重量轻

2）离心式压缩机站的工作特性

一个压气站一般有多台压缩机共同工作，根据需要可采用并联、串联、混联等多种连接形式，对于多级或多台压缩机的联合工作，其总的工作特性可以由各自简单特性方程换算得到。

① 离心式压缩机串联特性　其主要目的是增加压力，同时也适当增加流量。串联工作的离心式压缩机第一台的出口就是第二台的入口，质量流量相等(忽略温度等影响)，串联管的压缩比等于每台压缩机压缩比的乘积。

② 离心式压缩机并联特性　其主要目的是增加流量，并联工作的离心式压缩机的进口状态是一样的，压缩比相等，故并联后的总特性曲线是由并联工作的两台压缩机各自的特性曲线在同一压力比下的流量叠加而成。如图 5-9 所示。

5.4.3 压缩机站与管道的联合工作

1）压缩机站与简单管道的工作点

联合工作如图 5-10 所示。

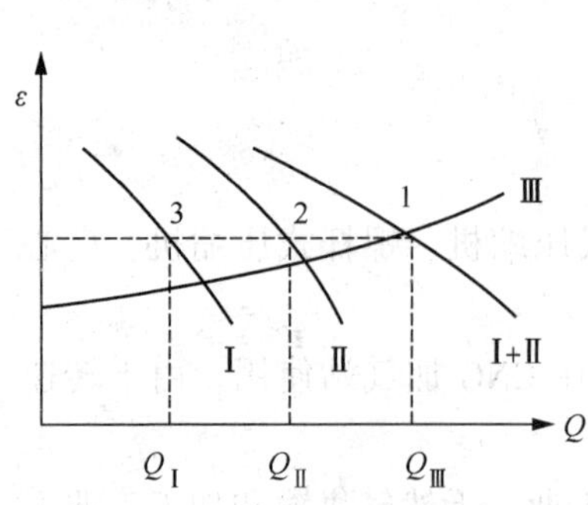

图 5-9　压缩机并联后总特性曲线

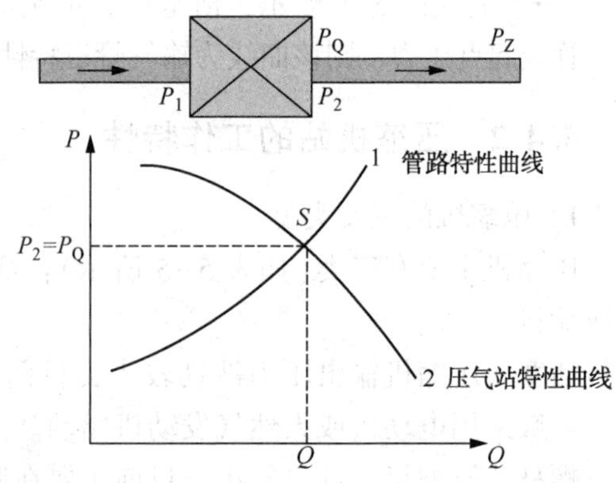

图 5-10　输气管道-压缩机站的联合工作示意图

压缩机站特性方程为：

$$P_2^2=AP_1^2-BQ^2 \tag{5-27}$$

管路特性方程为：

$$P_Q^2=P_Z^2+ClQ^2 \tag{5-28}$$

两者联合工作，$P_2=P_Q$，故：

$$AP_1^2-BQ^2=P_Z^2+ClQ^2 \tag{5-29}$$

得到工作流量为：

$$Q=\sqrt{\frac{AP_1^2-P_Z^2}{B+Cl}} \tag{5-30}$$

式中 P_1、P_2——压缩机站的进、出口压力；

P_Q、P_Z——管路的起、终点压力；

A、B、C——有关压缩机、管道的特性系数。

l——管路的长度。

2）压缩机站与串联管路工作点

如图 5-11 所示，两端管路串联，管路Ⅰ的特性方程为：

$$P_{Q_1}^2=P_{Z_1}^2+C_1l_1Q^2 \tag{5-31}$$

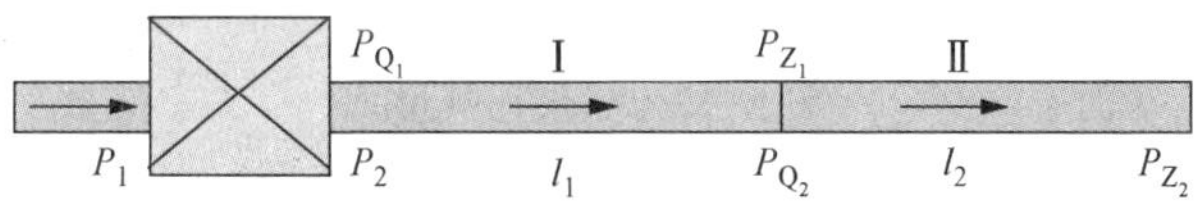

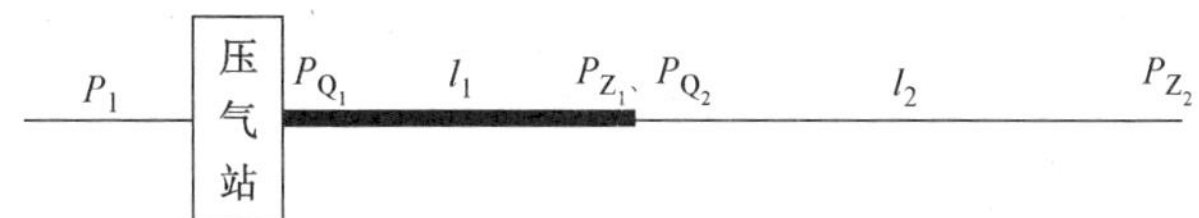

图 5-11 串联管路与压缩机站联合工作示意图

管路Ⅱ的特性方程为：

$$P_{Q_2}^2=P_{L_2}^2+C_2l_2Q^2 \tag{5-32}$$

两者串联，$P_{Z_1}=P_{Q_2}$，故：

$$P_{Q_1}^2=P_{Z_2}^2+(C_1l_1+C_2l_2)Q^2 \tag{5-33}$$

串联管路与压缩机站联合工作，压缩机站的出口压力 P_2 等于管路起点压力 P_{Q_1}，即 $P_2^2=P_{Q_1}^2$，据此解得工作点流量为：

$$Q=\sqrt{\frac{AP_1^2-P_{Z_2}^2}{B+(C_1l_1+C_2l_2)}} \tag{5-34}$$

5.4.4　输气管道末段储气

输气管道末段，指的是最后一个压缩机站与城市门站之间的管段。对于各中间站管段而言，其起点与终点的流量时相同的(即属于稳定流动的工况)，但对于输气管道末段，其起点流量跟其他各管段一样保持不变，而其终点流量却是变化的，并等于城市的用气量。

当用气处于低谷时，对于图 5-12 的 AB 段，末段的终点流量也即城市用气量小于末段恒定的起点流量(等于昼夜平均用气量的 4.17%)，如城市无储气站，多余的气体就积存在末段管路中，称 AB 阶段为储气阶段。

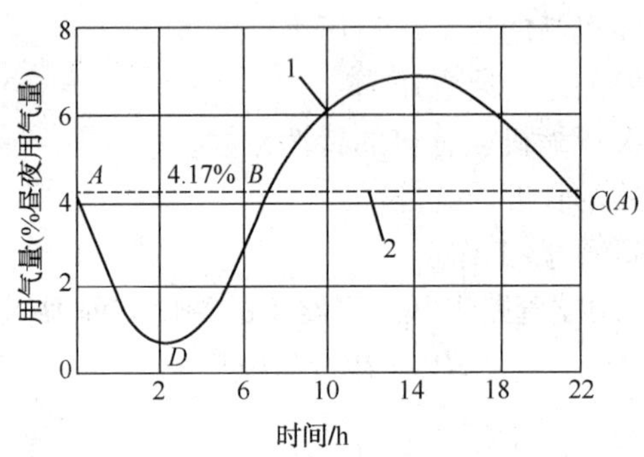

图 5-12　昼夜耗气量

1—耗气曲线；2—气体平均流量

当用气处于高峰时，对应图 5-11 的 BC 段，末段的终点流量大于起点流量，如输气管道末段作为储气容器用，则不足的气体就由积存在末段管路中的气体来补充，称 BC 段为供气阶段。

末段起点的最高压力等于或小于最后一个压气站的出口压力，末段终点的最低压力应不低于配气站所要求的供气压力，末段的压力变化范围决定了末段的储气能力。

随着流量的变化，末段的起点和终点压力也跟着变化，表 5-6 是某输气管道末段在夜间的实际操作参数。从表中可看出。输气管道末段的起点和终点压力以及终点流量在不同的钟点都是不同的。该表较清楚的表明输气管道末段的储气能力。

利用长输管道末段起终点的压力变化，从而改变管道中的存气量以达到储气的目的，用气低峰时，多余气体存入管道中，起终点压力提高；用气高峰时，不足的气体由管道中积存的气体弥补，起终点压力降低。除了用长输管道末段储气外，目前应用较广泛的储气方式包括：高压气罐、高压管束、地下储气库、液化储存、固态储存等。

表 5-6 某输气管道末段在夜间的实际操作参数

操作参数	钟点										
	21:00	22:00	23:00	24:00	01:00	02:00	03:00	04:00	05:00	06:00	07:00
末段的终点流量/($10^3m^3/h$)	55.7	54.5	47.6	44.9	42.6	39.6	32.9	20.0	19.0	18.8	17.2
末段的起点压力/10^5Pa	45.3	45.3	45.3	45.3	45.5	45.5	46.0	47.0	48.0	51.0	53.0
末段的终点压力/10^5Pa	14.1	14.4	16.0	21.0	24.9	26.7	29.2	36.1	38.5	41.5	44.8

任务 5.5 输气站工艺流程识读与绘制

输气站是输气管道系统的两个组成部分之一，主要功能包括调压、净化、计量、清管、增压和冷却等。其中调压的目的是保证输入、输出的气体具有所需的压力和流量。根据输气站所处的位置不同，各自的作用也有所差异。

首站一般在气田附近，如果地层气压较高时，首站可暂不建压缩机。依靠地层压力输到第二站甚至第三站，待气田后期气压降低后再适时投建压缩机站。

中间站主要进行气体增压、冷却以及收发清管器。但如果中间站为分输站时，也要考虑分输气的调压、除尘、计量等。

末站是输气站终点，气体通过末站，供应给用户。因此，末站具有调压、除尘、计量、清管器接收等功能。此外，为了解决管道输送和用户用气不平衡问题，还设有调峰设施，如地下储气库、储气罐等。

除此之外，各输气站内还具有流程切换、自动监测与控制、安全保护、污油储存与阴极保护等功能。

5.5.1 输气站的平面布置

1）输气站设置原则

输气站位置应由工艺要求和管线水力计算来决定，必须服从输气干线的大走向。除此之外，还应考虑如下几方面的问题：

① 输气站应尽可能设置在交通、供电、给排水、电信、生活等条件方便的地方，以节省建设投资，且便于经营管理和职工生活。但当输气站与工业企业、仓库、车站及其它公用设施相邻时，其安全距离必须符合《石油天然气工程设计防火规范》(GB 50183—2015)中的有关规定。

② 输气站的占地面积应充分考虑各建筑物实际需求，各建筑物之间的间距应符合防火安全规定。同时也要考虑站场的发展余地。

③ 站址应选地势开阔、平缓的地方，便于场地排水。尽量减少土石方的工程量，节约投资。

④ 所选场址要符合工程地质、水文地质的要求。避免建在易发生山洪、滑坡以及沼泽和可能浸水等不良工程地质段。场址土壤承载能力一般不得小于120kPa，另应选择地下水位较低，土质腐蚀性较小的地质。

⑤ 要重视输气站对周围环境的影响，注意三废的治理，进行环境保护，维护生态平衡。

⑥ 压气站的位置选择宜远离噪声敏感区。

2）输气站布置

输气站按工艺流程和各自功能可划分成许多区块，包括压缩机房、冷却装配区、净化除尘区、调压计量区、清管器收发区、消防水池、润滑油库、仪表控制间等。目前，为了减小输气站的占地面积和施工安装工作量，国外大量采用撬装区块。其做法是将区块在工厂预制好运到现场，只须使底盘就位，连接管道就完成了区块的安装，这样既缩短工期，又节省投资。输气站的布置主要应考虑如下几方面：

① 各区及设备平面布置应满足工艺流程的要求，尽量缩短管道长度，避免倒流，减少交叉。

② 分区布置，把功能相同的设备尽量布置在一个装置区。

③ 输气站与周围环境以及各设备间在保证所要求的防火间距的前提下，布置应紧凑，同时也要保证消防、起重和运输车辆通行的道路和检修场地。

④ 对于有压缩机的输气站，厂房内的压缩机一般成单排布置；若机组数量较多时，也可采用双排布置，以避免厂房过长而使巡回检查操作不便。双排布置时，之间应有足够的距离。对于大型压缩机组，还常常采用双层布置，辅助设备和管道在一层，而二层为操作平台，这样可以减少占地，且方便操作。

⑤ 输气站除了有前面所述的生产区外，还应设置维修间和行政办公区，它们通常单独布置或与仪表控制室合并在同一建筑物内。并应与压缩机房保持一定距离，以减少噪音干扰。图5-13给出有两台压缩机组输气站的平面布置图。

5.5.2 输气站工艺流程

输气站是通过将一定的设备和管件相互连接而成的输气系统。有压缩机的输气站又称为压气站。所谓工艺流程，是为达到某种生产目标，将各种设备、仪器以及相应管线等按不同方案进行布置，这种布置方案就是工艺流程。输气站的工艺流程，就是输气站的设备、管线、仪表等的布置方案。

1）选择工艺流程的一般原则

① 在工艺总流程中，除增压外，还必须考虑排空、安全泄放、越站输送、清管作业、调压计量（首站、末站或中间分输站）等功能，尤其除尘设备，必须采用高效除尘器（如过滤分离器）以防止机械杂质打坏压缩机的叶片。

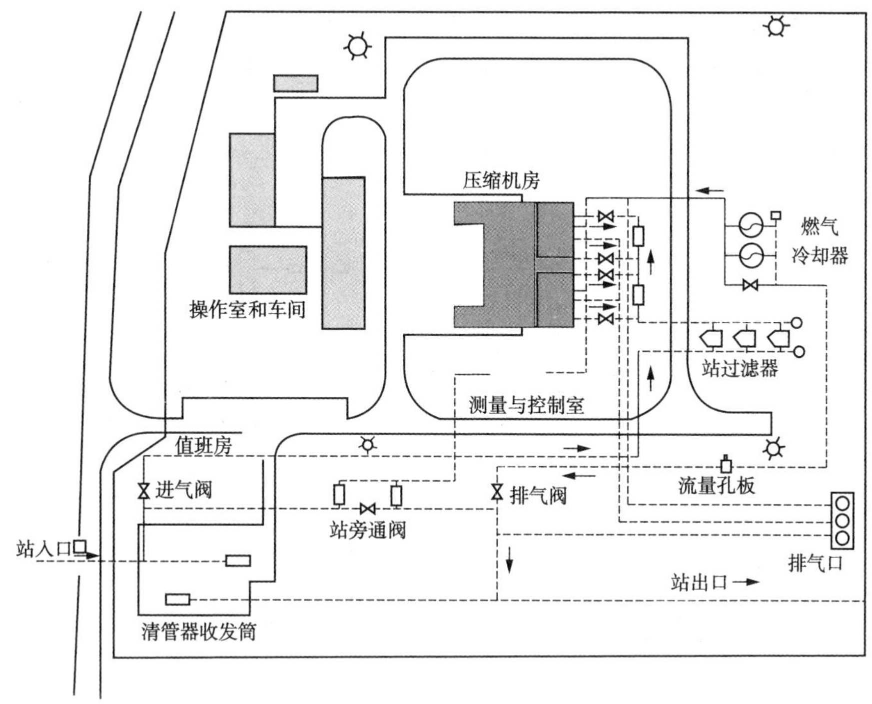

图 5-13 输气站的平面布置图

② 压缩机站的工艺流程必须适应输气管道全线的生产调度要求，能根据调度指令随时调节运行参数。

③ 工艺流程应该适应压缩机组启动、停车和调节的需要，使整个过程操作简单、可靠并减小或避免对其他机组的冲击。

④ 能及时进行事故处理，当站内某机组或整个站发生故障时，能立即调整流程，实现紧急停车和启动备用机组。

⑤ 合理利用设备，简化流程，所需管路短，所需操作阀门少，摩阻损耗低，在选择管径时流速应控制在 20m/s 以内，使全站压降不超过 0. 1MPa。

⑥ 压缩机站流程应考虑今后改建和扩建的需要，使新机组的安装、投产不影响原有系统的运行以及不改变原管路的安装。

2）输气站工艺流程

在输气生产现场，往往将完成某一种单一任务的过程称工艺流程，如清管工艺流程、正常输气工艺流程、输气站站内设备检修工艺流程等。表示输气站工艺流程的平面图形，称之为工艺流程图。

① 首站工艺流程 图 5-14 为天然气输送首站的典型工艺流程图。首站的主

要任务是接受油气田来气，对天然气中所含的杂质和水进行分离，对天然气进行计量，发送清管器及在事故状态下对输气干线中的天然气进行放空等。另外，如需要增压，一般首站还需要增加增压设备。

首站的工艺流程主要有正常流程、越站流程。工艺区主要有分离区、计量区、增压区、发球区等。

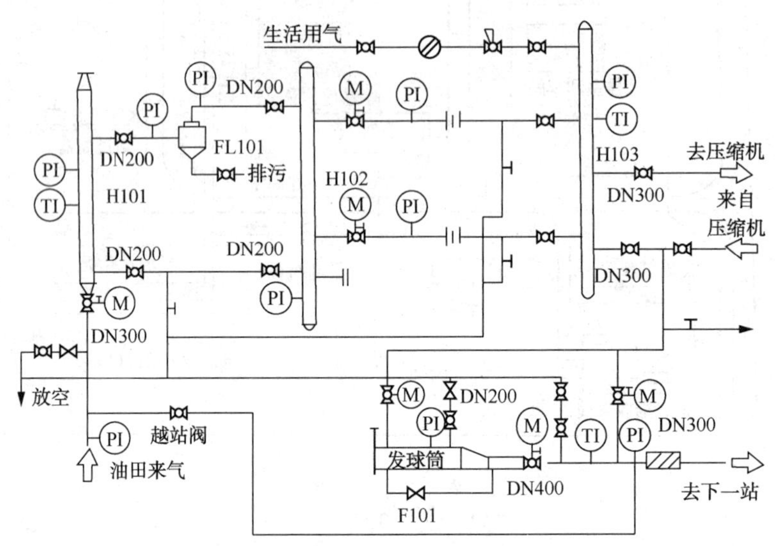

图 5-14　输气管道首站工艺流程图

PI—压力指示；TI—温度指示；M—电动指示

正常流程：油田来气、分离器分离、计量、出站。

越站流程：油田来气直接经越站阀后出站。

② 末站工艺流程　图 5-15 为典型的末站工艺流程图。在长输管道中，末站的任务是进行天然气分离除尘，接收清管装置，按压力、流量要求给用户供气。因此末站的工艺主要有气质分离、调压、计量和收球等工艺。

③ 分输站工艺流程　图 5-16 为分输站典型工艺流程图。分输站的任务是进行天然气的分离、调压、计量，收发清管球，在事故状态下对输气干线进行放空，以及给各用户进行供气。其流程主要有：

正常流程：进站阀进站、经分离器分离、调压计量及向下游供气。

越站流程：天然气在进站之前，通过越站阀直接向下游供气，此流程一般是在故障或检修状态下进行。

收发球流程：接上一站清管球，向下站发送清管球。

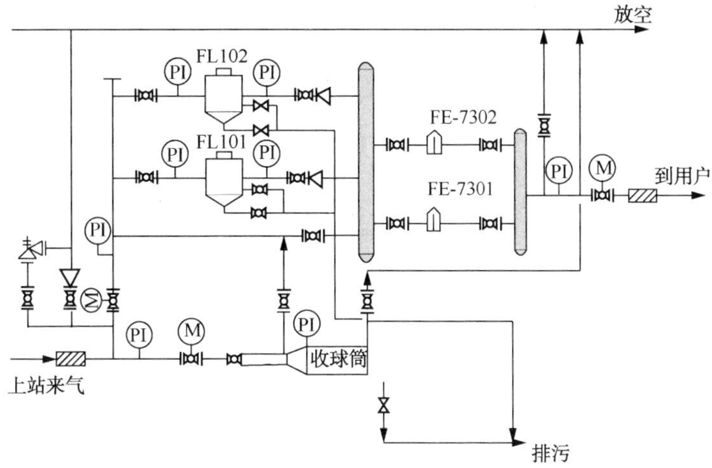

图 5-15 输气管道末站工艺流程图

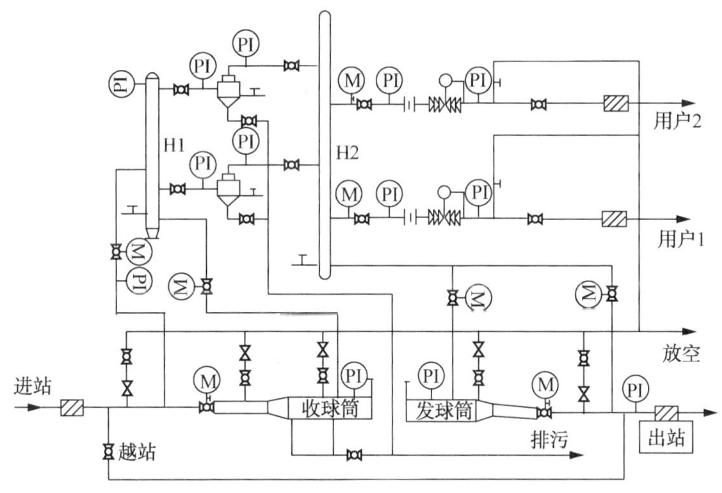

图 5-16 输气管道分输站工艺流程图

④ 清管站工艺流程 天然气管道的清管作业有投产前清管和正常运行时的定期清管。投产前清管的主要目的是清除管道内杂质，主要包括施工期间的泥土、焊渣、水等。正常运行期间的清管是指管道运行一段时间后，由于气体内含有一定的杂质和积液积存在管线内，使管输效率下降，对管线造成腐蚀等，因此需要分管段进行清管。图 5-17 为清管站典型工艺流程图，该站功能就是收发清管球。

⑤ 阀室工艺流程 阀室是输气干线中工艺比较简单的设施，一般为无人值

守。根据设计要求，在输气干线约20~30km范围内应设置阀室，在特殊情况下，如河流等穿越处两侧应分别设置阀室。阀室的典型流程如图5-18所示，由快速截断阀和放空阀组成。阀室的主要作用有两个，一是当管线上、下游发生事故时，管线内天然气压力会在短时间内发生很大变化，快速截断阀可以根据预先设定的允许压降速率自动关断阀门，切断上、下游天然气，防止事态进一步扩大；二是在维修管线时切断上下游气源，放空上游或下游天然气，便于维修。

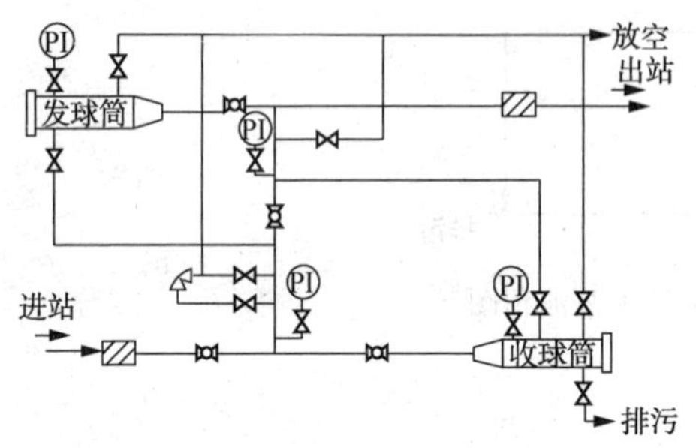

图5-17　清管站典型工艺流程图

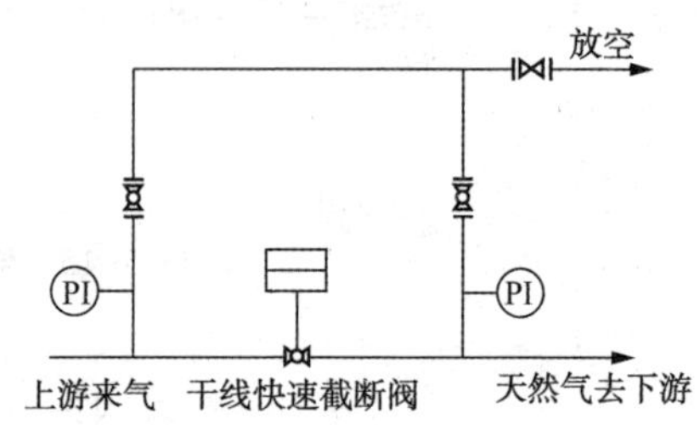

图5-18　阀室工艺流程图

任务5.6　输气管道工况分析

5.6.1　压气站停运

在输气管道操作运行过程中，因种种原因，例如无地下储气库的输气管道在用气低谷时，压气站发生事故或计划检修时，投产初期压气站逐步投入运行等，都存在压气站或压气站的部分压缩机组停运的工况。

一个压气站停运后，输气系统能量供应减少，势必造成输气量降低，使得全线输气量减少。中间压气站停运后，第一站停运输气量下降最多；最后一个压气站停运后，全线输气量下降最少，且当压气站数量足够多时，最后一个压气站停运对输气量几乎没有影响。中间压气站停运后，停运站上游各站进出站压力均增加，下游各站进出站压力均下降，且越靠近停运站压力变化越大，距停运站越远，压力变化越小。

5.6.2　定期分气或集气

分气点之前管内流量增大，分气点之后的管内流量减小。定期分气将造成全线压力下降，越接近分气点的地方，压力下降越多，距离分气点越远，压力下降越少，如图 5-19 所示。

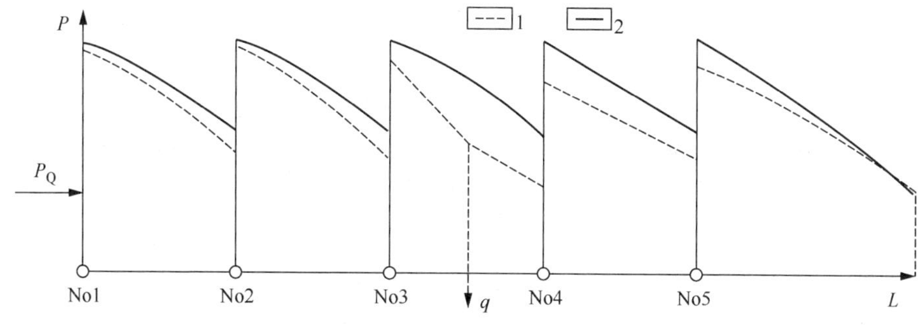

图 5-19 分气时工况变化示意图

1—分气时压降曲线；2—正常运行时压降曲线

集气点之前的管内流量减小，集气点之后的管内流量增大。定期集气将造成全线压力上升，越接近集气点地方，压力上升越多，距集气点越远上升越少，如图 5-20 所示。

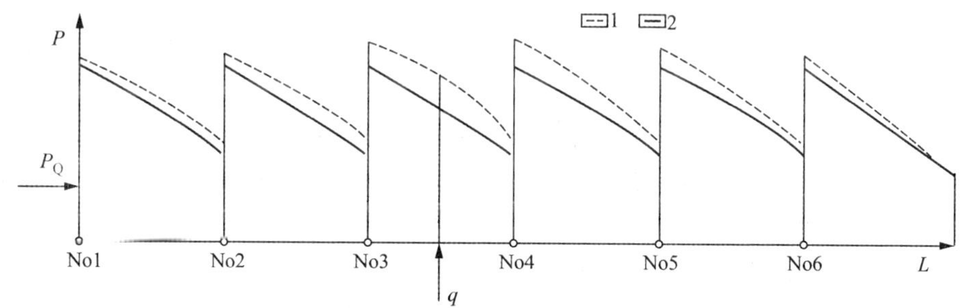

图 5-20 集气时工况变化示意图

1—集气时压降曲线；2—正常运行时压降曲线

因此，在输气管道运行时应该考虑到分气、集气对工况的影响，在运行操作管理过程中，要根据分、集气工况变化规律进行调节或控制，尤其要注意集气后压力升高的问题，防止管线或设备超压。

5.6.3 水合物堵塞

在低温高压条件下，天然气中某些气体组分能和液态水形成水合物。这种水合物容易在弯头、三通、变径管线、调压装置上产生冰堵，影响站场的正常安全平稳输送，严重的可导致停输事件发生。通过查看清管站、截断阀室进出站压力变化，比较各管段压差变化情况，压差变化最快的管段即为冰堵管段。确定冰堵管段后，继续观察压差变化情况，并比较分析冰堵管段上下游管段压差变化情况，确定冰堵程度。

5.6.4 干线漏气

长输管道一般均采取埋地敷设，在运行过程中，因管道裂化腐蚀穿孔、焊缝开裂及人为破坏等因素影响，易导致在运行过程中出现泄漏。干线某处漏气可看作是定期分气的特例，因此漏气对工况的影响也服从定期分气的规律。

管道泄漏要及时抢修，抢修方法主要包括：换管法、补块修复法、管卡修复法。其中，换管法适用于管道损坏较严重，大面积腐蚀及人为造成的断裂等；补块修复法适用于内径较大腐蚀管道的修复；管卡修复法适用于内径较小的管道，属于临时性紧急修复。管道泄漏修复后，要分别对管道进行强度试验和严密性试验，试压合格后，对管道进行防腐处理，最后对管道进行回填。

任务 5.7 输气管道清管及常见事故处理

输气管道的输送效率和使用寿命很大程度上取决于管道内壁和内部的清洁状况。对气体质量和管道有害的物质，如凝析油、水(游离水和饱和水蒸汽)、机械杂质等，进入输气管道后会引起管道内壁的腐蚀，增大管壁粗糙度，大量水和腐蚀产物的聚积，还会局部堵塞或缩小管道的流通截面。为解决以上问题，需要进行管道内部和内壁的清扫。因此清管工艺是生产管理的重要工艺措施。清管的主要目的可概括为以下几方面：

(1) 保护管道，使它免遭输送介质中有害成分的腐蚀，延长使用寿命；

(2) 改善管道内部的光洁度，减少摩阻，提高管道的输送效率；

(3) 从内部检查管道金属的损伤，如腐蚀变形等；

(4) 对新建管道在进行严密性试验后，清除积液和杂质；

(5) 保证输送介质的纯度。

5.7.1 清管设备

清管设备如图 5-21 所示，主要部分包括：清管器收发筒和盲板；清管器收发筒隔断阀；清管器收发筒旁通平衡阀和平衡管线；连接在装置上的导向弯头；线路主阀；锚固墩和支座。此外，还包括清管器通过指示器、放空阀、放空管和清管器接收筒排污阀、排污管道以及压力表等。

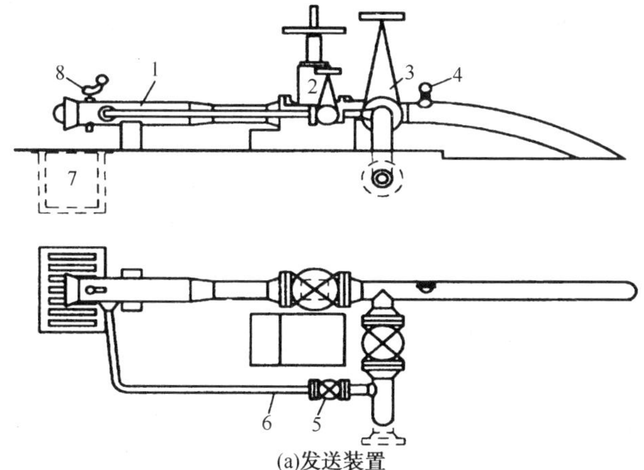

(a)发送装置
1—发送筒；2—隔断阀；3—线路主阀；4—通过指示器；5—平衡阀；
6—平衡管；7—清洗坑；8—空管和压力表

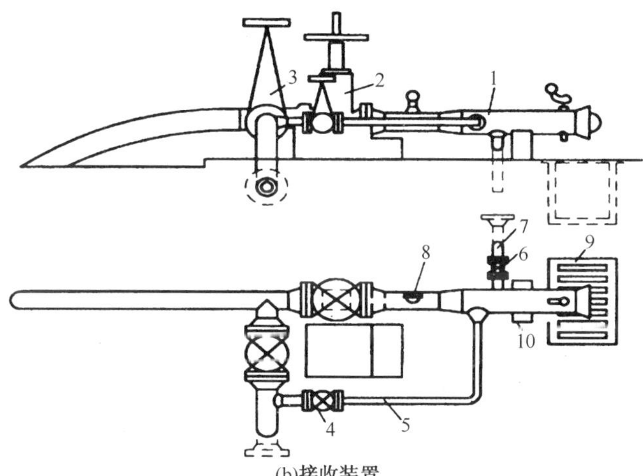

(b)接收装置
1—接收筒；2—隔断阀；3—线路主阀；4—平衡阀；5—平衡管；
6—排污阀；7—排污管；8—通过示器；9—清洗坑；10—放空管和压力表

图 5-21　清管器收发装置图

1）清管器收发筒和盲板

清管器收发筒直径应比公称管径大 1～2 级。发送筒的长度应不小于筒径的 3～4 倍。接收筒除了考虑接纳的污物外，有时还应考虑连续接收两个清管器，其长度应不小于筒径 4–6 倍。清管器收发筒上应有平衡管、放空管、排污管、清管器通过指示器、快开盲板。对发送筒，平衡管接头应靠近盲板；对接收筒，平衡管接头应靠近清管器接收筒口的入口端。排污管应接在接收筒下部。放空管应接在收发筒的上部。清管器信号指示器应安在发送筒的下游和接收筒入口处的直管段上。快开盲板应方便清管器的快速通过，并应安有压力安全锁定装置，以防止当收发筒内有压力时被打开。

2）清管器收发筒隔断阀

清管器收发筒隔断阀安装在清管器收发筒的入口处，它起到将清管器收发筒与主干线隔断的作用。如果在主干线上没有安装隔断阀，通常在该阀门的主干线一侧安装绝缘法兰，以隔绝主干线与收发筒和阀门间的阴极保护电流。该阀必须是全径阀，以保证清管器的通过，最好为球阀。

3）清管器收发筒平衡阀门和平衡管线

清管器收发筒平衡阀门和平衡管线连到收发筒的旁路接头上，其管径尺寸应为管道尺寸的1/4到1/3之间。阀门通常是由人手动控制使清管器慢慢通过清管器收发筒隔断阀。

4）连接清管器装置的导向弯头

连接清管器装置的导向弯头半径必须满足清管器能够通过的要求，对常用的清管器一般采用的弯头最小半径等于管道外径的3倍。但是，对于电子测量清管器需要更大的弯头半径。

5）线路主阀

线路主阀通常用于将主干线和站本身隔开。要求该阀为全径型，以便减少阀门产生压力损失。该阀靠近主干线处应有一绝缘法兰以隔绝主干线阴极保护电流。

6）锚固墩和支座

通常使用的锚固墩是钢筋混凝土结构。但是根据土壤条件，也有其他类型的锚固墩，如钢桩和钢支架。所有地面管件、清管器收发筒和阀类必须安装在一定基础上，并防止管件在基础上发生任何侧向位移。

5.7.2 清管器

任何清管器都要求具有可靠的通过性能（通过管道弯头、三通和变形管道的能力）、机械强度和良好的清管效果。清管器的具体形式很多，从结构特征上可区分为：清管球、皮碗清管器泡沫塑料清管器和智能清管器四类。下面分别对它们的结构、用途和工作特性加以介绍。

1）清管球

清管球以橡胶制成，中空，壁厚30~50mm，球上有一个可以密封的注水排气孔（如图5-22所示）。为了保证清管球的牢固可靠，用整体成形的方法制造。注水口的金属部分与橡胶的结合必须紧密，确保不致在橡胶受力变形时脱离。注水孔有加压用的单向阀，用以控制打入球内的水量，调节清管球直径对管道内径的过盈量，清管球的制造过盈量为2%~5%。

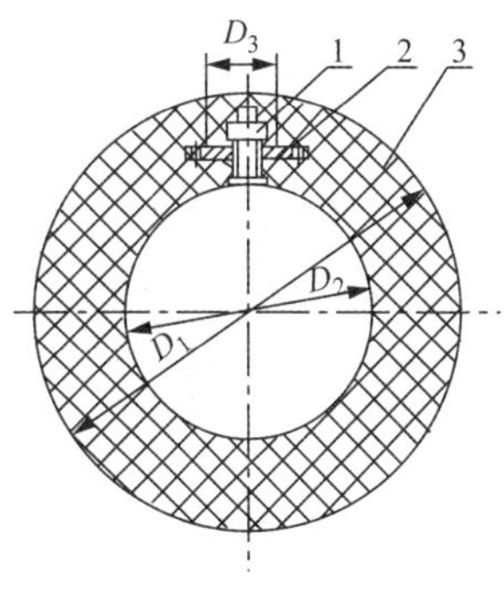

(a)清管球结构简图
1—气嘴；2—固定岛；3—球体

(b)清管球照片

图 5-22 清管球

清管球的变形能力最好，可在管道内作任意方向的转动，很容易越过块状物体的障碍，通过管道变形部位。清管球和管道的密封接触面窄，在越过直径大于密封接触带宽度的物体或支管三通时，容易失密停滞。清管球的密封条件主要是球体的过盈量，这要求为清管球注水时一定要把其中的空气排净，保证注水口的严密性。否则，清管球进入压力管道后的过盈量就不能保持。

管道温度低于 0℃时，球内应灌注低凝点液体(如甘醇)，以防冻结。

清管球在管道运行中，周围阻力均衡时为滑动，不均衡时为滚动，因此表面磨损均匀，磨损量小。只要注水口不漏，壁厚偏差小，可以多次重复使用。保证注水口的制造质量是延长清管球使用寿命的一个关键。清管球的壁厚偏差应限制在 10%以内。

清管球的主要用途是清除管道积液和分隔介质，消除块状物体的效果较差。它不能定向携带检测仪器，也不能作为它们的牵引工具。

2）皮碗清管器

皮碗清管器由一个刚性骨架和前后两节或多节皮碗构成(如图 5-23 所示)。它在管内运行时，保持固定的方向，所以能够携带各种检测仪器和装置。清管器的皮碗形状是决定清管器性能的一个重要因素，皮碗形状必须与清管器用途相适应。

清管器皮碗，按形状可分为平面、锥面和球面三种。平面皮碗的顶端部位是平面时，清除固体杂质的能力最强，但变形较小，磨损较快。锥面皮碗和球面皮碗能适应管道变形，并能保持良好的密封。球面皮碗还可以通过变径管，但它们容易越过小的物体或被较大的物体垫起而丧失密封，这两种皮碗寿命较长。

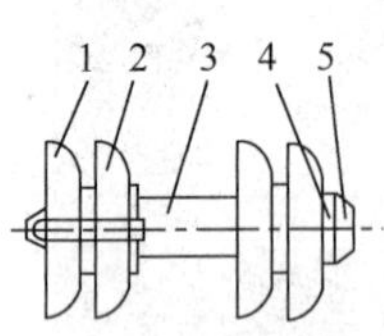

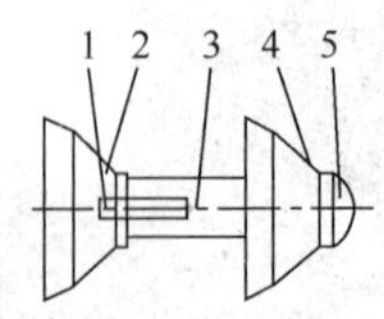

(a)皮碗清管器结构简图

1—QXJ-1 型清管器信号发射机；2—皮碗；3—骨架；4—压板；5—导向器

(b)皮碗清管器照片

图 5-23　皮碗清管器

按照耐介质性质(耐酸、耐油等要求)和强度需要，皮碗的材料可采用天然橡胶、丁腈橡胶、氯丁橡胶或聚氨酯类橡胶制备。

皮碗的磨损速度除取决于皮碗的材质外，还取决于管道的内壁粗糙度、磨蚀物数量、皮碗承压和清管器的重量等因素。在皮碗材料一定的条件下，尽量减轻清管器金属骨架的重量和必要时增加皮碗节数是提高清管效果的两个途径。

3）泡沫塑料清管器

泡沫塑料清管器(图 5-24)是表面涂有聚氨酯外壳的圆柱形塑料制品，它是一种经济的清管工具。与刚性清管器相比，它有很好的变形能力和弹性。在压力作用下，它可与管壁形成良好的密封，能够顺利通过各种弯头、阀门和变形管道。它不会对管道造成损伤，尤其适用于清扫带有内壁涂层的管道。

图 5-24　泡沫塑料清管器照片

4）智能清管器

智能清管器的作用不仅仅是清管，还可用于检测管道变形、腐蚀、埋深等。智能清管器按其测量原理可分为磁通检测清管器、超声波检测清管器和摄像机检测清管器等。

① 磁通检测清管器　探测管壁缺陷的磁力探伤仪按环形布置，如图 5-25 所示。磁通异常泄漏型探伤仪使用永久磁铁，该磁铁磁化管壁达到磁通量饱和密度。传感器随探测仪移动，管壁内外腐蚀和损伤等部位会引起异常漏磁场，并感

应到传感器。管壁中的任何异常将导致磁力线产生相应的异常，记录器将磁力线变化情况记录下来，由此来判断管道是否腐蚀和损伤及其程度。

② 超声波检测清管器　如图 5-26 所示为超声波检测清管器测定原理图。它是根据管道内表面反射波与从管道外表面底部反射波的时间差来测定壁厚，即可得知管壁腐蚀缺陷，如图 5-27 所示。

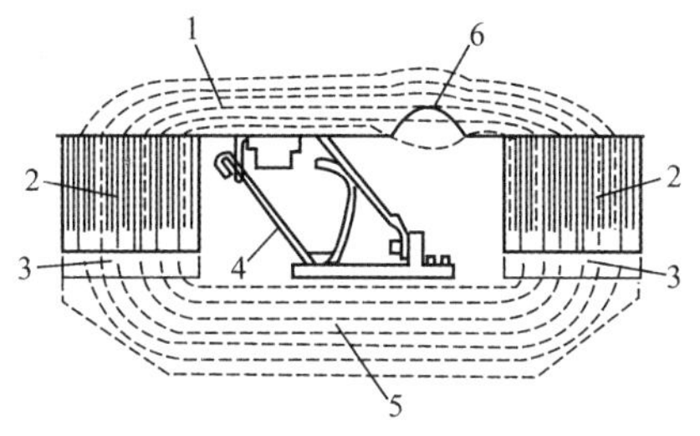

图 5-25　磁通探测工作原理示意图

1—管壁；2—钢刷；3—磁铁；4—传感器架；5—背部铁板架；6—腐蚀漏磁通

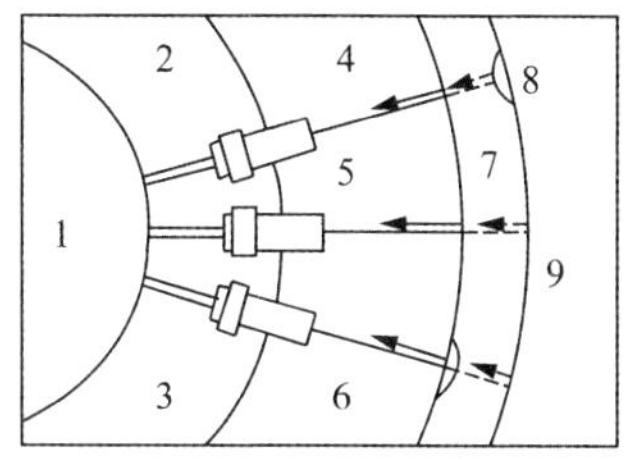

图 5-26　超声波检测清管器的测定原理示意图

1—测量数据处理记录；2—检测清管器；3—超声波探头；4—原油、水；5—管内断面测量；6—内表面腐蚀；7—管壁厚度；8—外表面腐蚀；9—管壁厚度测量

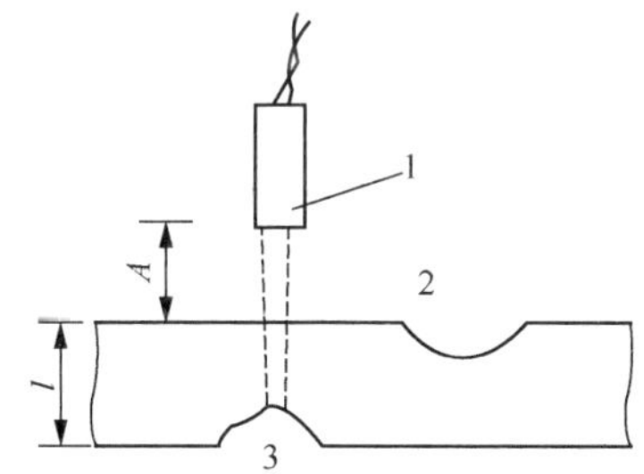

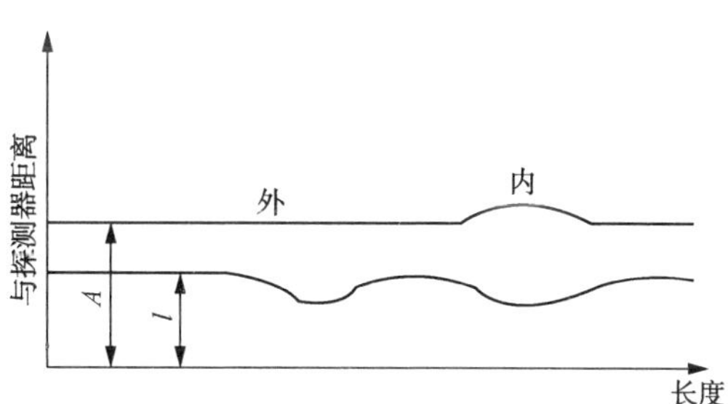

图 5-27　超声波清管器的检测示意图

1—超声波传感器；2—内壁上的缺陷；3—外壁上的缺陷

③ 自动摄像清管器　图 5-28 为利用激光和电视技术的管内自动行走检测清管器原理图。它检测内表面腐蚀和缺陷时，是利用缝隙状激光照亮被测表面，用 TV 摄像机拍摄，再用视频处理装置检测腐蚀和缺陷情况。

目前，国外许多公司生产不同类型的智能清管器，这些清管器具有各自的技术标准和适用条件。一般在进行管道的智能检测以前都要对管道的运行情况（变形和通过情况）进行摸底，即用一种简单的检测仪通过管道，以便确定管道的最佳变形量，进而判断采用什么样的管道智能仪进行检测。否则，一旦智能仪放进管道而被损坏，将造成较大的经济损失。

(a)智能清管器

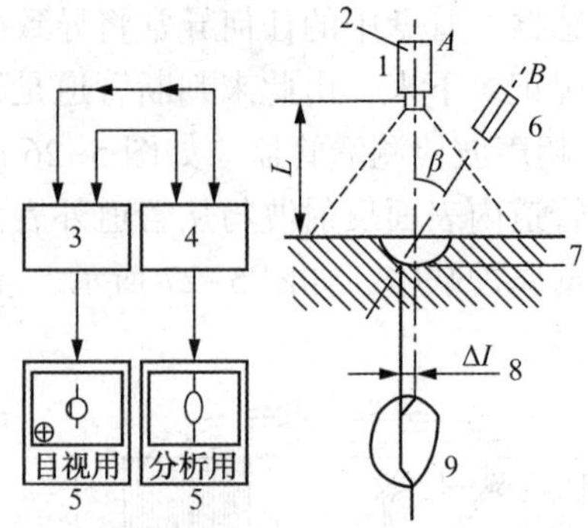

(b)自动摄像清管器检测原理示意图

1—电视照相；2—摄像信号；3—计算机；4—画像处理装置；
5—控制器 TV；6—激光发射装置；7—腐蚀深度；
8—光线弯曲变位量(与腐蚀深度成比例)；9—腐蚀范围

图 5-28　利用激光和电视技术的管内自动行走检测清管器原理图

5.7.3　清管器发送和接收

(1) 清管器发送过程如图 5-29 所示。

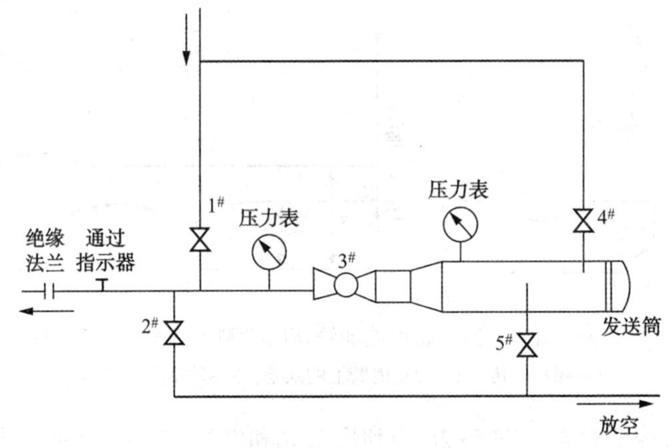

图 5-29　清管器发送示意图

① 发送清管器前，将管道输气压力调整到方案要求的压力；

② 打开 5#球筒放空阀，确认球筒无压，打开球筒快开盲板，把清管器送入底部大小头处，将清管器在大小头处塞紧；

③ 关闭快开盲板；

④ 关闭 5#球筒放空阀；

⑤ 打开 4#球筒发球进气阀，平衡筒压；

⑥ 全开 3#阀；

⑦ 关闭 1#输气管线进气阀发送清管器；

⑧ 确认清管器发出后，打开 1#输气管线进气阀，关闭 3#阀，关闭 4#球筒发球进气阀；

⑨ 打开 5#球筒放空阀泄压至零，检查 3#阀确已关闭不漏气，打开快开盲板，检查清管器是否发走。

发送清管器的安全注意事项如下：

① 按操作规程开关快开盲板；

② 发送筒的快开盲板正面和内侧面都不得站人；

③ 清管器应发送至发送筒的喉部即偏心大小头处；

④ 确认清管器发送筒出口阀全开到位。

（2）清管器接收过程如图 5-30 所示。

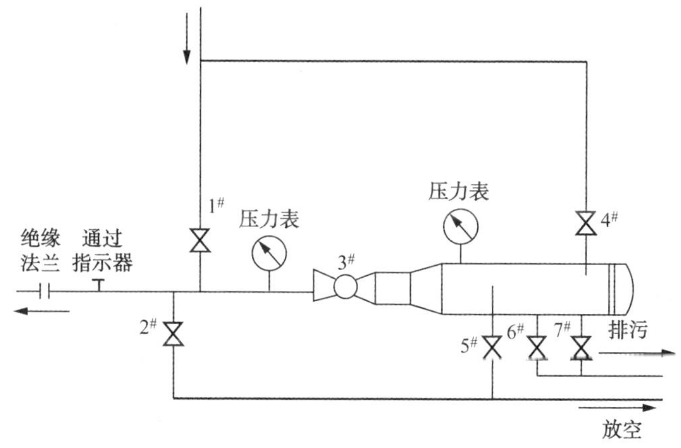

图 5-30 清管器接收示意图

① 关闭 5#接收筒放空阀，6#，7#排污阀，打开 4#接收筒旁通阀平衡接收筒压力，全开 3#阀，关闭 1#阀，接收筒处于接收状态；

② 一般情况下，在清管指示器发出球过信号后，关闭 4#阀，打开 6#、7#排污阀排污，如果遇倒污水、污物较多情况，应当在污水、污物到达接收站时，关闭 4#阀，打开 6#、7#排污阀排污；

③ 确认清管器进入接收筒后，关闭 6#、7#排污阀，关闭 3#阀

④ 打开 1#阀，恢复正常输气

⑤ 打开 6#、7#排污阀，打开 5#接收筒放空阀，当接收筒压力降为零，打开快开盲板，取清管器。如果接收筒内硫化铁粉较多，打开快开盲板前，应先向接收筒内注水，或打开快开盲板后立即向筒内注水，避免硫化铁粉在空气中自燃。

⑥ 清除接收筒内污物，清洗后关闭快开盲板；

⑦ 关闭5#接收筒放空阀，关闭6#、7#排污阀。

接收清管器的安全和环保注意事项如下：

① 按操作规程正确开关快开盲板；

② 确认清管器接收筒进口阀全开到位；

③ 开启放空阀和排污阀时动作应缓慢；

④ 清管器接收筒的快开盲板正面和内侧面不得站人；

⑤ 从清管接收筒排出的污物应挖坑深埋，避免对环境造成污染。

5.7.4 清管器运行故障及处理

1）清管器漏气

推球压差不增加，计算清管器运行距离远大于实际运行距离，可视为清管器漏气。一般采取发第二个过盈量稍大的清管球(或清管器)的办法处理。也可根据实际情况采取增大球后的进气量，降低球前天然气压力以增大压差使球启动。

2）清管器破裂

因清管球的制作质量较差，清管段焊口内侧太粗糙，或因输气管线球阀未全开，清管球被刮破或者削去一部分，其处理办法为：检查和判断球破裂的原因，故障排除后发送第二个球推顶破球一起运行。

3）清管器被卡

清管器被卡，清管器后压力持续上升，清管器前压力持续下降，清管器停止运行。解卡的办法：首先采用增大进气量，提高压力，以增大压差，但应保证清管器后压力不超过管道允许最高工作压力；其次，降低清管器前压力，以增大压差。如果以上两种办法都不成功，则可排放清管器后天然气，反推清管器解卡。以上方法均无法解卡时，采取断管取清管器的办法。

4）清管球推力不足

由于输气管线积存的污水污物太多，清管球在向高差较大的山坡运行时，压差不够，推不走污水而引起球停，其处理办法为：可根据计算球的位置并结合线路纵断面图分析，如果通球前管线实际压力损失理论计算值大，表明管内因存有积水而堵塞；如果通球时球后压力大又不断上升，推球压差增大，而计算球的位置又在高坡下，则可判定为球推力不足。当球后压力升至管线允许最高工作压力仍不能运行时，则可采取球前排放天然气，以增大压差，直到球翻过高地形为止。

任务5.8 输气管道试运投产

输气管道干线投产过程一般包括清管与测径、干燥和气体置换三个主要阶段。干燥的目的是去除管道中的游离水，因为天然气管道内若存有水分，则会使天然气的质量下降，且水分与天然气的酸性成分结合成弱酸会产生管道内腐蚀，还可能发生冰堵，影响管道安全。气体置换则是采用氮气将天然气与空气隔离，避免空气与天然气混合发生爆炸(天然气在空气中的爆炸极限为：5%～15%)。因此，干燥、置换是天然气管道投产前进行和需要严格控制的环节。

5.8.1 清管与测径

测径清管器用于检测管道内有无较大变形和尺寸变化，以确保管道的设计通过能力。测径清管器与其他清管器的操作方法一样，但在放入测径清管器后，应严格控制背压，防止撞击收球筒致使测径板意外变形。当测径清管器到达收球筒后，应小心取出，燃气检查测径圆盘是否有损坏或弯曲，以测径圆盘的受损或弯曲来表明管道可能出现变形，随即应采取相应的补救措施。

5.8.2 干燥

输气管道在投入使用前应进行干燥，在干燥之前，应进行充分的管道清扫作业，保证管道清洁度和管道中不存在大量的自由水。管道干燥合格后，应用防止湿气重新进入管道的措施，如用干燥空气冲入管道等。对于长距离、大口径管道采用分段干燥的方法才能有显著效果，清管器的密封性对干燥效果至关重要。可以采用的管道干燥方法有多种，根据不同管道特点和输送工艺的要求，可以采用如下方法的一种或几种。

1）干空气吹扫干燥法

干空气吹扫干燥法的原理是低露点的空气进入管道后会促使残留在管壁上的水蒸发，湿气由空气流带走。吹扫工艺过程分为两步：第一步，利用干空气推动“清管干燥列车”沿管道运行，当清管干燥列车的最后一个清管器达到干燥管段的终端后，将管道中压力降低到一定值。第二步，利用干空气进行低压吹扫干燥，直至达到所需标准，即管道末端的空气露点等于管道起点从干燥系统进入的空气露点时，干燥过程结束。

2）真空干燥法

真空干燥利用真空泵从管道中往外抽气，降低管道中的压力，直至达到管壁环境温度下的饱和蒸汽压，而使残留在管壁上的水因沸腾而迅速蒸发，以达到干燥目的，其工艺分三步：第一步，降压(抽空)阶段，将压力从管道的初始压力降低到管壁温度下水蒸气的饱和压力；第二步，沸腾(蒸发)阶段，重复抽真空和隔离过程，保持管道内压力为降压阶段末的压力值；第三步，干燥阶段，用真空泵将管道内压力降低到与所需露点相对应的水蒸气饱和压力，将管道密封隔离，监测管道内压力。重复此过程，直到检测压力没有明显上升为止。

3）氮气干燥法

用氮气替代干空气作为吹扫介质时，干燥原理、干燥过程及控制与干空气法完全一致。而且氮气露点很低(-90℃)，能带走更多水分，氮气是惰性气体，安全性较好。因此，获得纯净干燥的氮气是用于管道吹扫和干燥的关键。但是管道干燥对氮气需求量较大，野外工作环境比较恶劣，对设备性能要求较高。常规制氮方式比较复杂，不太适合野外作业要求。因此，合理选择制氮装置，从而根据制氮装置的能力来确定管道干燥的氮气用量和相应的干燥时间是非常必要的。

4）脱水清管干燥法

甲醇、乙醇、乙二醇、三甘醇等具有很强的吸水性，常被用于管道干燥，这些醇类还有一个重要的特性，就是在液态水中存在时可降低水合物的形成温度，故在很多场合甲醇、乙二醇被用作水合物抑制剂，使用甲醇扫线时，由于其易挥发、易燃易爆且对人体有害，推动清管前进的一般是天然气，以备扫线结束后直接投产；也可用氮气取代天然气，这样做的优点是如果有特别的原因(如甲醇量不足、清管器性能太差造成窜漏严重等)造成干燥效果不符合要求时，可重复扫线或用氮气干燥至符合要求，但成本很高。在扫线时，不能用干空气，即使是在使用了很长的氮气隔离段的情况下也不允许，因为一旦残留在管壁上的甲醇挥发进空气流中，在随后的操作中非常容易造成起火。

5.8.3 气体置换

气体置换投产是输气管道工程建设中的一道重要工作程序。投产中，在气流冲击下，施工过程中遗留在管内的小石块、焊渣、铁锈等杂物与管壁碰撞易于产生火花，若采用天然气直接置换管内空气则存在风险。目前，采用较多的置换方法是先注入一段惰性气体，将天然气与空气隔离，以阻止天然气与空气直接混合。

将氮气作为空气和天然气之间的隔离气体，氮气的隔离段长度应保证天然气到达末站前，仍有纯净氮气段在管线中，确保天然气不会与空气混合。通常置换段出口处惰性气体中空气含量低于2%，即认为满足天然气管道安全投运条件。

5.8.4 试运投产程序

① 投用各站场供水、供电、通信、消防等公用系统；
② 全线阴极保护系统调试运行；
③ 全线各工艺站场、阀室的设备、阀门、装置、仪表、自动化等分系统试运行；
④ 全线通信、自动化系统投运；
⑤ 天然气置换；
⑥ 压缩机组投运；
⑦ 在设计工况下连续运行72小时后进行系统性能测试，合格后试运投产结束，转入正常生产运行管理。

任务5.9 天然气储运新技术分析

5.9.1 天然气管道输送新技术

1）高压输气

输气管道向更高压的方向发展是一个趋势，也在一定程度上反映了一个国家输气管道的整体技术水平。目前，世界陆上管道的最高设计压力为：美国12MPa，中国10MPa。海底管道还可采用更高的输气压力。

2）高钢级管材的采用

通过高钢级管材的开发和应用可以减小壁厚，减轻管子的重量，并缩短焊接时间，从而大大降低钢材耗量和管道建设成本。国外输气管道X70级管材已占主导地位，X80级也开始用于管道建设中。

3）大口径输送

增大管径是提高管道输送能力的有效途径。如一条914mm管道的输量是304mm的17倍。目前，全球天然气管道直径在1000mm以上的超过120000km。我国的西气东输管道直径为1016mm。

4）输气管线网络化，形成大型的供气系统

目前世界上已形成了一些大型输气管网，如前苏联的统一供气系统，向东西欧地区供气，是当今世界上规模最大的天然气输送管网，全长225000km。

5）高压富气输送工艺

高压富气输送工艺是指输入管道前只将天然气中的水、硫化物和部分液体脱掉，而将乙烷、丙烷等重烃成分保留在天然气流中一起以气态单相输送的工艺。因为富气输送中天然气的总热值高，提高了输送效率；乙烷等重烃组分的增加使管内天然气的密度增加，使得天然气的压缩系数降低，更易压缩，因此压缩机的需求功率降低，运行成本降低，废气排放减少。

6）内涂层减阻技术

国外输气管道采用内涂层后一般能提高输气量6%~10%，同时还可有效地减少设备的磨损和清管次数，延长管线的使用寿命。

7）天然气管道减阻剂(DRA)

实验结果表明，减阻剂(DRA)的应用可提高输量10%~15%，最高压力下降达20%。DRA的化学成分主要为聚酰氨基，通过注入系统，定期按一定浓度将减阻剂注入到天然气管道中，可在管道内表面形成一层光滑的保护膜，这层薄膜能显著降低输送摩阻，同时还有一定的防腐作用。DRA的有效期可达400h。

5.9.2 天然气储存新技术

国内外主要采用的储气方式有长输管道末段储气、高压管束储气、地面储气罐储气、LNG(液化天然气)储气和地下储气库储气等。其中，地下储气库是世界上主要的天然气储存方式，占世界天然气储存设施总容量的90%。

储气库的类型有：枯竭油气田储气库；含水层储气库；盐穴储气库；废矿井储气库；采矿溶洞储气库等。

1）天然气吸附储存技术

基本原理：利用高比表面积、富微孔的吸附剂在常温、中低压(3.5~6MPa)条件下将天然气吸附储存的技术(ANG)。

优点：①中低压获得CNG(压缩天然气)在高压下(20MPa)的储存能量密度；②储存压力低；③充气时只需单级压缩，降低操作费用；④储存容器压力低，重量轻；⑤技术适用范围宽。

2）水合物储存天然气技术

气体水合物是一种包络状结晶化合物，它由甲烷和水在一定的温度和压力条件下笼合而成。在标态下1体积的水合物可包含150~180体积的天然气。

优点：①水合物不易燃烧，可防止火灾和爆炸事故发生；②储存压力相对较低；③发生储罐破裂等事故时天然气的泄漏速度慢。

5.9.3 运行仿真技术

仿真技术是建立在控制理论、相似理论、信息处理技术和计算技术等理论基础上，以计算机和其他专用物理效应设备为工具，利用系统模型对真实或假想的系统进行实验，并借助于专家经验知识、统计数据和历史资料对实验结果进行分析研究，做出决策的一门综合性和实验性的学科。

目前，国外长输管道仿真系统主要分为三种类型：一是用于油气管道的优化设计、方案优选；二是运行操作人员的培训；三是管道的在线运营管理。

美国最大的天然气管道公司之一的 Williams 管道公司，采用计算机仿真培训系统在不影响正常工作的情况下就可完成对一线工人的上岗培训，大大缩短了培训时间，节约大量费用，比传统的培训方式效率提高 50%。

我国的仿真技术发展分为应用国外软件和自主开发仿真软件两个阶段。20 世纪 80 年代以来，我国开始从美国、英国购买仿真相关软件，并在此基础上开始进行应用性的二次开发。

5.9.4 调峰技术

为保证可靠、安全、连续地向用户供气，发达国家大都采用地下储气库进行调峰供气。目前，西方国家季节性调峰主要用地下储气库和 LNG 储库，而日调峰和周调峰等短期调峰则多利用管道末段储气及地下管束储气来实现。

5.9.5 管道防腐技术

腐蚀是影响和危害管道安全可靠运行的关键因素。据发达国家调查报道，每年由于腐蚀造成的经济损失约占国民经济总产值的 2%~4%。据资料统计，1998 年我国因腐蚀造成的损失达到 2800 亿元。因此，防腐工作对管道系统安全可靠运行至关重要。

管道防腐分为外防腐技术和内防腐技术，表 5-7 展示了部分管道防腐技术的应用。管道外防腐技术主要包括防腐涂层和阴极保护两种方法，而防腐涂层则又涉及防腐涂层材料、涂敷工艺和施工水平三个重要环节。管道内防腐方法可分为三种：①界面防护，包括内涂防腐层和电化学保护；②化学药剂防护；③选用耐腐蚀的管材。

表 5-7 部分管道防腐技术应用情况表

管道名称	外涂层	内涂层	阴极保护	投产时间	备 注
篮流管道	三层聚丙烯(PP)	不详	牺牲阳极(锌)	2000 年 2 月	PP 热收缩套补口
莫桑比克-南非	熔结环氧粉末(FBE)	无	外加电流	2003 年 10 月	气体质量好，无腐蚀
Zeepipe 海底管道	三漆两布加强级玻璃纤维沥青	固体环氧树脂(减阻)	牺牲阳极(铝-锌-铟合金)	1998 年 8 月	套式半圆型阳极
西气东输管道	三层 PE	液体环氧树脂(减阻层)	外加电流	2004 年 10 月 1 日	国内首次大规模采用内涂层全线建成投产

5.9.6 天然气计量技术

天然气计量方式包括三类：质量计量、体积计量、能量计量。目前主要使用超声波流量计与热值流量计进行计量。

超声波流量计计量方法有：传播速度差法(时差法)、多普勒法、波束偏移法、噪声法及相关法等。时差法超声波流量计原理：利用一对超声波换能器相向交替(或同时)收发超声波，通过观测超声波在介质中的顺流和逆流传播时间差来间接测量流体的流速，再通过流速来计算流量。

将体积或质量流量计配上在线热值仪，就可以组装为热值流量计。

天然气计量技术发展趋势：a. 计量仪表向自动化、智能化和远程化方向发展。b. 仪表选型从单一仪表向多元化仪表发展。c. 超声测量技术发展迅速。d. 计量方式从体积计量向能量计量发展。e. 单一数据管理向计量数据系统管理方向发展。

5.9.7 天然气物性测量技术

1）硫化氢检测仪

硫化氢检测仪如图 5-31 所示，利用对硫化氢气体敏感的传感器测量硫化氢浓度。传感器种类主要有恒定电位电解式 、电化学式、接触燃烧式传感器。

2）露点测试仪

露点测试仪如图 5-32 所示，利用湿敏薄膜电容和热敏电阻等对湿度敏感的元件接触被测气体进行测量。而元件的电容值和相对湿度成正比，加入温度信号后就可以由元件直接反映出露点值。

图 5-31　硫化氢检测仪

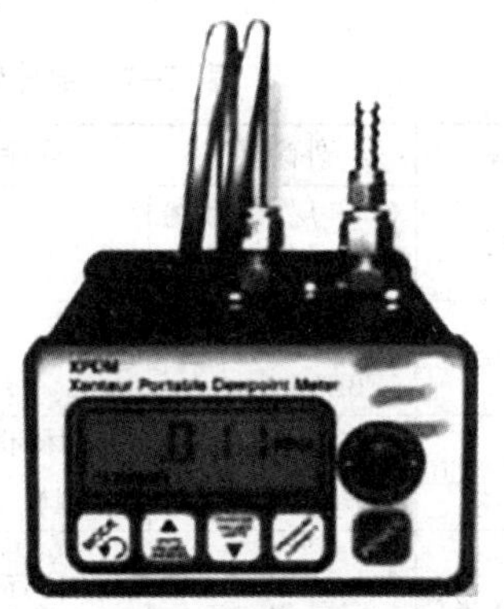

图 5-32　露点检测仪

5.9.8 智能清管技术

近年来问世的很多专利清管产品都能满足大多数管道的清管要求，但在某些场合需要特殊设计的清管器。

1）先进的清洗清管器

为清除管内坚硬氧化皮和积蜡而研制的清除坚硬沉积物的仪器（HDR），如图 5-33 所示。

2）专用清管器

对于以往无法清管的管道或管内聚集大量碎屑的管道，可以采用先进旁通清管器。旁通清管器上装有内压协压阀，当堆积的碎屑粘住清管器时，清管器断面上的压差上升泄压阀打开。由于整条管道完全堵塞的机遇很小，该清管器适合被用做救援清管器。如图 5-34 所示。

图 5-33 清除坚硬沉积物的清管器

图 5-34 专用清管器

5.9.9 SCADA 系统

SCADA 系统即数据采集与监视控制系统，是以计算机为基础的生产过程控制与调度自动化系统。它可以对现场的运行设备进行监视和控制，实现数据采集、设备控制、测量、参数调节以及各类信号报警、与第三方设备通讯等各项功能，实现管道安全、可靠、平稳、高效、经济地运行。

我国 20 世纪 90 年代中期以后新建的管道大部分采用国际先进技术，通过调度中心可对全线进行监控、调度和管理。如陕京线、涩宁兰输气管线等。

SCADA 系统应用范围：油气输送管道、油气田、天然气分配系统、发电和配电系统、水处理。

图 5-35 为 SCADA 系统的基本构成情况，安装在管道上的变送器将模拟信号

发送到可编程控制器(PLC)或远程终端(RTU)，经过 A/D 转换后，发送到控制中心的服务器，监控管道设备的工况参数变化，对故障作出报警。

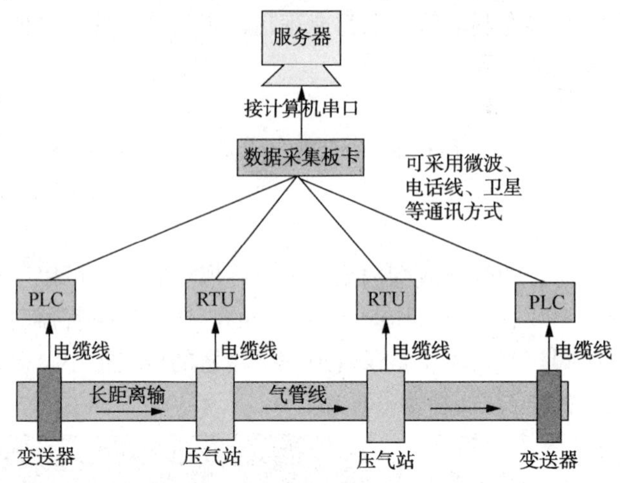

图 5-35　SCADA 系统的基本构成图

5.9.10　管道完整性管理技术

管道完整性管理是指通过对管道系统的一系列检测、评价和维护措施的实施，使管道系统的故障率降低至可接受的水平。其目标为：以科学的方法，最大限度地确保管道的安全运行，防患于未然，从而保护环境、健康及生态安全。目前主流方法为：基于规范的完整性管理程序；基于风险评价的完整性管理程序。

国外各大管道运行公司为了确保管道的安全运行，纷纷编制风险评价软件，建立起管道完整性管理系统。我国的管道工作者结合中国管道的现状，经过不懈的努力，在管道完整性管理方面也取得了不小的成就。针对不同管道的实际情况进行了定性的和基于风险的定量分析。现有研究机构正在进行有关在役输油管道完整性评价技术的研究，以达到与国际接轨，最大限度保障我国管道安全运行，保护环境和公众健康的目的。

此外，开展地下综合管廊建设技术，制定相关国家标准，提出综合管廊智能管理解决方案，构建管道物联网平台，为“互联网+管道”建立基础，提高管道技术智能化、信息化水平，将是油气管道未来发展方向。

思考题

1. 天然气长输管道系统由哪些部分组成？

2. 输气管道压力消耗由哪几部分组成?

3. 输气管道参数对流量有何影响?

4. 输气管道压力降落有何规律?

5. 输气管道温度分布有何规律?

6. 输气管道工作特性指的是什么?

7. 离心压缩机的工作特性指的是什么?

8. 分析离心压缩机串、并联特点。

9. 分析输气管末段工况特点。

10. 简述输气管道首站、分输站、末站主要工艺流程。

11. 简述输气干线工况调节措施。

12. 简述清管器接收和发送过程。

13. 简述天然气储运新技术。

14. 某输气管线，管长 $L=55\text{km}$，起点压力 $P_1=20\times10^5\text{Pa}$，终点压力 $P_2=7\times10^5\text{Pa}$，用 $\phi426\times7\text{mm}$ 螺旋焊接管，输气温度 $T=288\text{K}$，天然气相对密度 0.56，水力摩阻系数 $\lambda=1.059\times10^{-2}$，压缩系数 $Z=0.99$，求：(1) 平均压力；(2) 输气量。

15. 某输气管道年任务输气量 $100\times10^8\text{m}^3$，全长 659km，采用 X70，$\phi1016\times8\text{mm}$ 管材，管道内壁绝对当量粗糙度为 30μm，管道起点压力 10MPa，终点压力不小于 4MPa，夏季年最高月平均温度 25℃，输送温度下天然气相对密度 0.5925，黏度 $13.48\times10^{-6}\text{Pa}\cdot\text{s}$，压缩因子 0.7。计算管道的输气量。

附录 I　输油管道工艺流程图常用图例

序　号	名　称	图　例	序　号	名　称	图　例
1	闸阀		13	电动离心泵	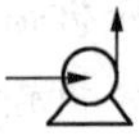
2	截止阀		14	管道泵	
3	止回阀		15	电动往复泵	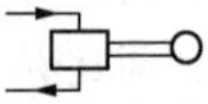
4	球阀	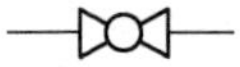	16	蒸气往复泵	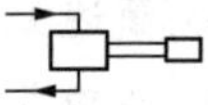
5	蝶阀	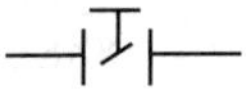	17	齿轮泵	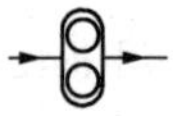
6	旋塞阀		18	螺杆泵	
7	电动阀		19	真空泵	
8	安全阀	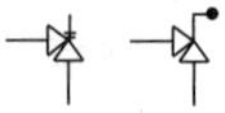	20	立式油罐	
9	电磁阀		21	卧式油罐	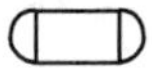
10	过滤器		22	鹤管	
11	流量计		23	胶管	
12	消气器		24	卸油臂（快速接头）	

附录Ⅱ　输气管道工艺流程设计常用图例

名　称	符　号	名　称	符　号
工艺管线		安全切断阀	
管内介质流向		截止阀	用于 $DN \geqslant 50mm$
进出站方向			用于 $DN<50mm$
软管		闸阀	
管线交叉		球阀	
封头		蝶阀	
法兰盖		止回阀	
高压泄压阀	G　G	旋塞阀	
低压泄压阀	D　D	三通阀	
电磁阀	S　S	四通阀	
电动闸阀	M　M	角型阀	
电动球阀	M　M	减压阀	
气动阀		孔板阀	
液动阀	H　H		

续表

名　称	符　号	名　称	符　号
电液联动阀	E/H	安全回流阀	
气液联动阀	P/H	密闭式弹簧安全阀	
调节阀		控制阀 故障自动开	E/H FO
外部取压的自力式阀前压力调节	PCV	清管指示器	YS
控制阀 故障自动闭	E/H FC	混合器	
控制阀 故障自动锁定（在最后位置）	E/H FL	绝缘法兰	
看窗		绝缘接头	
玻璃管看窗		清管三通	
手动加油枪（柱）		油罐搅拌器	M
孔板		罐内旋转喷射混合器	
管间盲板		固定顶罐	
8字盲板		内浮顶罐	
漏斗		外浮顶罐	
同心异径管接头		球形罐	

续表

名　称	符　号	名　称	符　号
偏心异径管接头		卧式罐	
锥形过滤器		带加热罐	
Y 型过滤器		旋风分离器	
过滤器		立式分离器	
疏水器		浮头式换热器	
阻火器		放空立管	
装卸鹤管		火炬	
卧式分离器		带流量变送器的涡轮、漩涡式流量计	FT
立式 LPG 汽化器		节流孔板	FO
卧式斜板出油器		质量流量计	FT CFF
清管器收发筒			
磅秤(地秤)			
离心泵或漩涡泵			
管道泵(立式泵)			
立式污油泵			
齿轮泵(螺杆泵)			

续表

名　称	符　号
浸没泵	M
手摇泵	
水环式真空泵	
电动往复式压缩机	M
电动离心式压缩机	M
燃气轮机拖动离心式压缩机	
管式加热炉	
玻璃板(管)液位计	
分析	A
流量	F
差压变送器	PDT
速度变送器	ST
振动变送器	VT
温度探头(套管)	TW

名　称	符　号
容积式流量计(FE 表示流量检测元件)	FE
超声波流量计(FT 表示流量变送器)	FT
均速管流量计	FT 1
流量整流器	FX
带流量累积指示的容积式流量计	FQI
流量计	
脱气器	
脱气过滤器	
低低报警	ALL
高报警	AH
高高报警	AHH
指示控制器	IC
过程连接线	
气压信号线	
液压信号线	
电信号线	
温度指示	TI
压力指示	PI

续表

名　称	符　号	名　称	符　号
检测元件	E	低报警	AL
低液位开关	LSL	差压指示	PDI
低低液位开关	LSLL		
高液位开关	LSH	差压记录	PDR
高高液位开关	LSHH	流量指示	FI
		流量记录	FR
过滤器两侧差压高限位开关	PDSH	流量指示积算(检测仪表直接安装在管道中)	FIQ
(压力)温度控制阀	(P)TV	液位指示	LI

附录Ⅲ 输油工(中级)国家职业标准

工作内容	技能要求	相关知识
(一)操作输油机组	1. 能对强制润滑输油机组润滑系统进行保护值试验 2. 能检查输油机组轴瓦温度、机组振幅 3. 能检查润滑油油温、油位及润滑油外观质量，并能补充、添加、更换润滑油 4. 能使用滤油机过滤润滑油和清洗润滑油箱 5. 能诊断处理输油机组常见故障 6. 能计算泵的功率及效率	1. 离心泵的平衡、密封、传动装置 2. 离心泵的特性曲线及工作点 3. 润滑油基本知识 4. 润滑油管理知识 5. 润滑油检测常见器具 6. 设备的润滑方式及装置 7. 电动机的分类、工作原理及性能 8. 电动机的常见故障 9. 柴油机的分类及性能
(二)操作加热炉	1. 能调整加热炉的运行负荷 2. 能操作加热炉吹灰装置 3. 能诊断、处理加热炉常见故障 4. 能对加热炉进行维护保养 5. 能计算加热炉热负荷及热效率	1. 方箱加热炉的结构特点 2. 快装管式加热炉结构特点 3. GW 型加热炉的结构特点 4. 加热炉的通风系统 5. 加热炉的维护与保养知识
(三)操作热媒炉	1. 能对热媒炉附属设备进行切换操作 2. 能计算热媒炉负荷及热效率 3. 能诊断、处理热媒炉常见故障 4. 能诊断、处理换热器常见故障 5. 能对热媒炉进行维护保养	1. 热媒炉启停程序控制系统 2. 热媒炉保护系统 3. 热媒炉热媒温度控制系统 4. 热媒炉原油温度控制系统 5. 热媒炉助燃氧量控制系统 6. 热媒炉维护保养知识 7. 换热器及其分类 8. 换热器结构及其工作原理
(四)操作维护燃烧器及燃料系统	1. 能使用、调节燃烧器 2. 能清洗燃烧器 3. 能清洗燃油过滤器 4. 能进行燃油掺水乳化燃烧操作 5. 能计算燃油耗量 6. 能计算燃烧气过剩空气系数	1. 燃烧器的分类及特点 2. B 型比例调节燃烧器 3. 旋杯式燃烧器 4. 机械雾化式燃烧器 5. 调风器的作用及分类 6. 调风器的工作原理及特点 7. 燃油掺水乳化燃烧技术

续表

工作内容	技能要求	相关知识
（五）维护保养油罐	1. 能清洗油罐阻火器 2. 能维护机械呼吸阀 3. 能维护液压安全阀 4. 能对油罐进行维护保养	1. 阻火器的结构及工作原理 2. 机械呼吸阀的构造及工作原理 3. 液压安全阀的构造及工作原理 4. 油罐的维护保养知识 5. 油罐接地装置、接地电阻
（六）输油运行操作	1. 能准确调节输油站出站温度 2. 能准确调节输油站进站温度 3. 能计算管道输油量 4. 能接收、发送清管器 5. 能转发清管器	1. 长输管道热油输送的目的及特点 2. 热油管道的温降规律 3. 管道清管的作用及方法 4. 清管器的结构及分类 5. 清管系统装置 6. 清管操作规程 7. 锅炉用水的软化处理 8. 锅炉及水处理操作规程
（七）操作输油岗辅助设备	1. 能操作齿轮泵 2. 能操作往复泵 3. 能操作螺杆泵 4. 能操作空气压缩机 5. 能操作离心式通风机	1. 齿轮泵的结构、性能及工作原理 2. 往复泵的结构、性能及工作原理 3. 螺杆泵的结构、性能及工作原理 4. 空气压缩机的结构、性能及工作原理 5. 离心式通风机的结构、性能及工作原理 6. 辅助设备操作规程

附录Ⅳ　输气工(中级)国家职业标准

<table>
<tr><th>职业功能</th><th>工作内容</th><th>技能要求</th><th>相关知识</th></tr>
<tr><td rowspan="3">一、天然气测量</td><td>(一)天然气测量设备</td><td>1. 能操作孔板阀
2. 能操作气质分析设备
3. 能使用压力、温度、液位变送器
4. 能检查仪表的零位
5. 能使用超声波流量计、阿纽巴流量计(也叫均速管流量传感器)</td><td>1. 孔板流量计、超声波流量计、阿纽巴流量计的结构、工作原理
2. 组分分析仪、硫化氢分析仪、水分分析仪的结构、工作原理和操作规程
3. 压力、温度、液位变送器的结构、原理、操作规程及使用注意事项</td></tr>
<tr><td>(二)计量天然气流量</td><td>1. 能录入计量参数
2. 能计算非正常生产情况下天然气流量
3. 能查阅、打印参数</td><td></td></tr>
<tr><td>(三)分析天然气流量参数</td><td>能分析判断气质参数的异常情况</td><td>天然气气质标准</td></tr>
<tr><td rowspan="3">二、场站管理</td><td>(一)设备运行管理</td><td>1. 能维护保养闸阀、截止阀、球阀、蝶阀、止回阀、安全阀、安全切断阀、调压器
2. 能操作和维护保养盲板、分离器、过滤器
3. 能维护保养加臭装置
4. 能设置安全切断阀切断压力
5. 能进行排污作业
6. 能判断和处理设备外漏故障</td><td>1. 闸阀、截止阀、调压阀、球阀、旋塞阀、止回阀、安全阀的结构、工作原理、技术参数和维护保养方法
2. 盲板、过滤器、分离器的结构、工作原理、操作规程、技术参数和维护保养方法
3. 加臭装置的技术参数和维护保养方法
4. 安全切断阀切断压力的设置方法
5. 排污作业操作规程
6. 设备外漏故障的判断和处理方法</td></tr>
<tr><td>(二)操作计算机</td><td>1. 能运用计算机处理文字、表格
2. 能维护保养 UPS</td><td>维护 UPS 不间断电源的操作规程和使用注意事项</td></tr>
<tr><td>(三)制图</td><td>能绘制场站生产工艺流程图</td><td>石油天然气工程制图标准</td></tr>
</table>

续表

职业功能	工作内容	技能要求	相关知识
三、管理运行	（一）管道运行工况分析	1. 能计算管容 2. 能计算输气管道任意点压力	1. 管容计算公式 2. 输气管道任意点压力计算公式
	（二）清管作业	能配合收发清管器作业	1. 清管收发装置的结构、用途和使用事项 2. 清管器的类型和用途 3. 清管作业操作规程
	（三）管道保护	能加注缓蚀剂	1. 缓蚀剂的作用 2. 缓蚀剂的加注方法和使用注意事项
四、综合管理	（一）生产管理	1. 能检查场站运行参数 2. 能设置警报限值	
	（二）安全管理	1. 能维护保养可燃气检测仪 2. 能维护保养硫化氢气体检查仪 3. 能维护保养空气呼吸器 4. 能识别本岗位、本场站危险源、安全隐患 5. 能维护保养场站消防器材	1. 可燃气体检测仪、硫化氢气体检测仪的结构、使用注意事项和维护保养方法 2. 空气呼吸器结构、使用注意事项和维护保养方法 3. 本岗位、本场站的危险源、安全隐患及控制措施

附录V　首站/中间站/末站工艺流程图

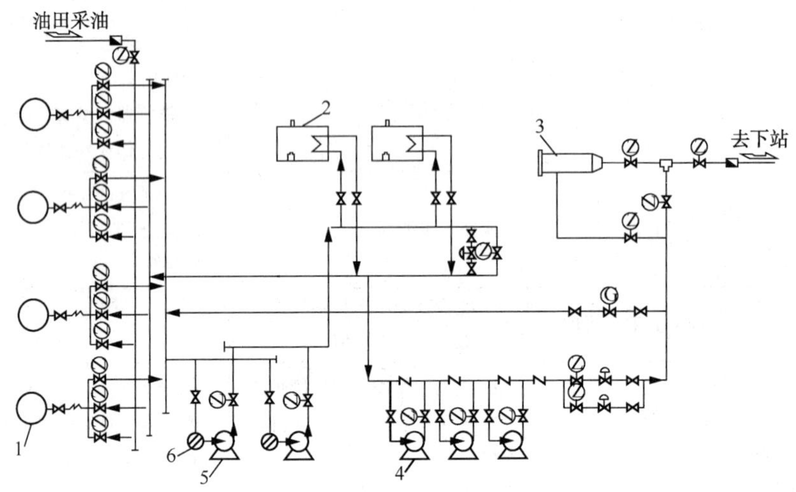

图1　首站典型工艺流程图

一、流程功能：接收来油进罐；增压外输/加热；站内循环；热力越站；清管器发送；压力泄放

二、主要设备：1—储罐；2—加热炉；3—清管器发送筒；4—外输主泵；5—给油泵；6—过滤器

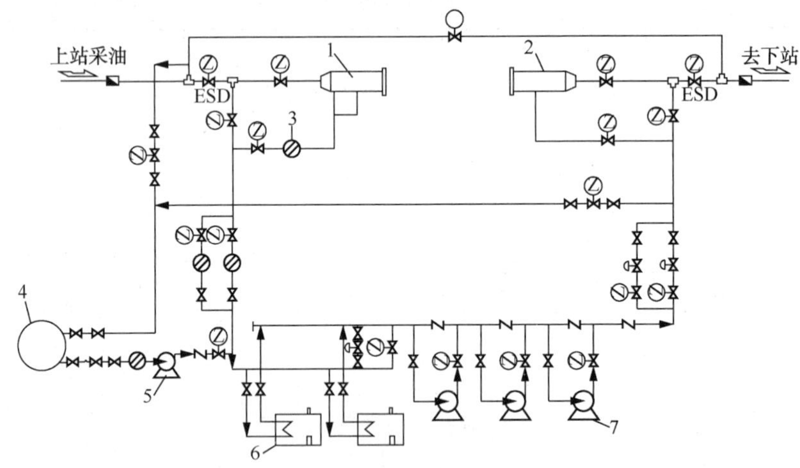

图2　中间热泵站典型工艺流程图

一、流程功能：增压外输/加热；清管器接收；清管器发送；压力越站；热力越站；全越站；压力泄放

二、主要设备：1—清管器接收筒；2—清管器发送筒；3—过滤器；4—泄压罐；5—输油泵；6—加热炉；7—外输主泵

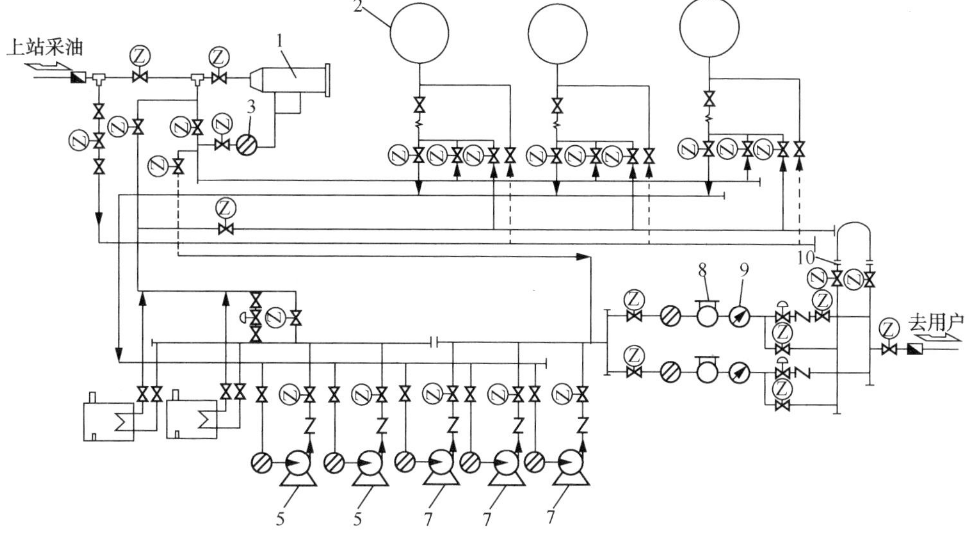

图3 末站典型工艺流程图

一、流程功能：接收来油进罐；清管器接收；油品转输；油品计量；流量计标定；站内循环；增压反输/加热；压力泄放

二、主要设备：1—清管器接收筒；2—储罐；3—过滤器；4—加热炉；5—反输泵；6—倒罐泵；7—转输泵；8—消气器、流量计、标准体积管

参 考 文 献

[1] 中国石油天然气集团公司人事服务中心. 输油工[M]. 北京：石油工业出版社，2006.
[2] 中国石油天然气集团公司人事服务中心. 输气工[M]. 北京：石油工业出版社，2006.
[3] 杨筱蘅，张国忠. 输油管道设计与管理[M]. 北京：中国石油大学出版社，2006.
[4] 张其敏，孟江. 油气管道输送技术[M]. 北京：中国石化出版社，2010.
[5] 王光然. 油气管道输送[M]. 北京：石油工业出版社，2012.
[6] 严大凡. 输油管道设计与管理[M]. 北京：石油工业出版社，1986.
[7]《中国油气管道》编写组. 中国油气管道[M]. 北京：石油工业出版社，2004.
[8] 李长俊. 天然气管道输送[M]. 北京：石油工业出版社，2000.
[9] 梁翕章，唐智圆. 世界著名管道工程[M]. 北京：石油工业出版社，2002.
[10] 王绍周. 管道运输工程[M]. 北京：机械工业出版社，2004.
[11] 冯春艳. 天然气管道输送与管理[M]. 北京：石油工业出版社，2013.
[12] 蒋华义. 输油管道设计与管理[M]. 北京：石油工业出版社，2010.
[13] 曾多礼. 成品油管道输送技术[M]. 北京：石油工业出版社，2002.
[14] 输油管道工程设计规范. GB 50253—2014.
[15] 输气管道工程设计规范. GB 20251—2015.
[16] 油气长输管道工程施工及验收规范. GB 50369—2014.
[17] 输油管线清管作业规程. SY/T 6148—1995.
[18] 长输天然气管道清管作业规程. SY/T 6383—1999.
[19] 天然气管道运行规范. SY/T 5922—2012.
[20] 天然气. GB 17820—2012.
[21] 石油建设工程质量检验评定标准 输油输气管道线路工程. SY/T 0429—2000.
[22] 油气输送管道穿越工程设计规范. GB 50423—2013.
[23] 石油天然气管道跨越工程施工及验收规范. SY 0470—2000.
[24] 钢质管道焊接及验收. GB/T 31032—2014.
[25] 油气管道通用阀门操作维护检修规程. SY/T 6470—2011.
[26] 埋地钢质管道聚乙烯防腐层. GB/T 23257—2009.
[27] 原油管道运行规程. SY/T 5536—2004.
[28] 成品油管道运行规范. SY/T 6695—2014.
[29] 石油工业用加热炉型式与基本参数. SY/T 0540—2013.
[30] 石油天然气工程制图. SY/T 0003—2012.